建设新农村农产品标准化生产丛书

奶牛标准化生产技术

编著者

邓红雨　刘延鑫　何梦奇

谭永志　范佳英

金盾出版社

内 容 提 要

本书由郑州牧业工程高等专科学校畜牧工程系专家编写，力求通过本书帮助奶牛养殖企业和养殖户提高奶牛标准化生产、经营以及乳品质量和安全水平。内容包括：奶牛标准化生产的概念和意义，奶牛品种标准化，奶牛繁殖标准化，奶牛饲料与饲养管理标准化，奶牛场建设标准化，奶牛疫病防治标准化和奶牛产品标准化等。语言通俗易懂，内容先进实用，适合奶牛养殖企业技术人员、奶牛养殖户以及相关院校师生阅读参考。

图书在版编目(CIP)数据

奶牛标准化生产技术/邓红雨等编著．—北京：金盾出版社，2006.11

（建设新农村农产品标准化生产丛书）

ISBN 978-7-5082-4157-9

Ⅰ.奶… Ⅱ.邓… Ⅲ.乳牛-饲养管理-标准化 Ⅳ.S823.9

中国版本图书馆 CIP 数据核字(2006)第 082258 号

金盾出版社出版、总发行

北京太平路 5 号(地铁万寿路站往南)

邮政编码:100036 电话:68214039 83219215

传真:68276683 网址:www.jdcbs.cn

封面印刷:北京精彩雅恒印刷有限公司

正文印刷:北京兴华印刷厂

装订:双峰装订厂

各地新华书店经销

开本:787×1092 1/32 印张:6.75 字数:149 千字

2008 年 12 月第 1 版第 3 次印刷

印数:17001—27000 册 定价:10.00 元

序　　言

随着改革开放的不断深入，我国的农业生产和农村经济得到了迅速发展。农产品的不断丰富，不仅保障了人民生活水平持续提高对农产品的需求，也为农产品的出口创汇创造了条件。然而，在我国农业生产的发展进程中，亦未能避开一些发达国家曾经走过的弯路，即在农产品数量持续增长的同时，农产品的质量和安全相对被忽略，使之成为制约农业生产持续发展的突出问题。因此，必须建立农产品标准化体系，并通过示范加以推广。

农产品标准化体系的建立、示范、推广和实施，是农业结构战略性调整的一项基础工作。实施农产品标准化生产，是农产品质量与安全的技术保证，是节约农业资源、减少农业面源污染的有效途径，是品牌农业和农业产业化发展的必然要求，也是农产品国际贸易和农业国际技术合作的基础。因此，也是我国农业可持续发展和农民增产增收的必由之路。

为了配合农产品标准化体系的建立和推广，促进社会主义新农村建设的健康发展，金盾出版社邀请农业生产和农业科技战线上的众多专家、学者，组编出版了《建设新农村农产品标准化生产丛书》。“丛书”技术涵盖面广，涉及粮、棉、油、肉、奶、蛋、果品、蔬菜、食用菌等农产品的标准化生产技术；内容表述深入浅出，语言通俗易懂，以便于广大农民也能阅读和使用；在编排上把农产品标准化生产与社会主义新农村建设巧妙地结合起来，以利农产品标准化生产技术在广大农村和广大农民群众中生根、开花、结果。

我相信该套“丛书”的出版发行，必将对农产品标准化生产技术的推广和社会主义新农村建设的健康发展发挥积极的指导作用。

王连铮

2006 年 9 月 25 日

注：王连铮教授是我国著名农业专家，曾任农业部常务副部长、中国农业科学院院长、中国科学技术协会副主席、中国农学会副会长、中国作物学会理事长等职。

前　言

牛奶在世界各国的食品发展战略中占有极其重要的地位,发达国家的奶业一直是农业的支柱产业之一,其产值一般可占农业总产值的1/5左右,占畜牧业总产值的1/3左右。近年来,我国奶业发展速度明显加快,全国奶牛养殖热潮正在形成,奶业已成为国民经济中新的经济增长点。

据2005年资料显示,我国奶牛存栏近1 400万头,牛奶总产量为2 453万吨,人均奶占有量21.7千克,比2001年的566.2万头、1 025.5万吨和8.8千克有很大的提高。乳品加工业也不断壮大,组建了一批具有相当实力的奶业集团,如伊利、蒙牛、光明、三鹿等,伊利集团有望在2010年跻身世界奶业20强。但与国外奶业发展相比,我国的差距仍十分明显。2005年,我国牛奶总产量仅占世界总产量的4.63%,鲜牛奶产量是美国的30.61%。我国奶牛个体生产水平低,按成年母牛计算,平均单产仅为3 500千克左右,为以色列奶牛单产的1/3。我国人均奶类占有量不足世界平均水平的1/10。奶类也是目前中国惟一呈净进口的畜产品。可见,我国奶业发展空间广阔,任重而道远。

随着奶业在我国国民经济中地位的提升和我国加入世界贸易组织,奶业国际化程度进一步加深,国际、国内市场对奶产品的质量要求不断提高,牛奶及其制品正朝着优质化、安全化和多样化方向发展,加上我国加入世贸组织后奶制品的降税,激烈的市场竞争不可避免。当前,国际市场对乳品质量标准的要求正由生产型标准向贸易型标准转变，市场准入的条件越来越严格，环保标准不断升级，对生产技术和检测技术的要求也越来越高，奶牛的标准化生产日益提上议事日程。标准化是组织现代化奶牛生产的手段，标准化水平也是衡量奶牛养殖技术和科学管理水平的重要尺度。只有掌握奶牛标准化生产的基本知识和技能，把握当今奶业的发展趋势，努力采用国际通用标准和国内外先进标准来指导和规范奶牛生产的各个环节，大力生产绿色牛奶及奶制品，才能打破国际市场的“绿色贸易壁垒”，大幅度提升奶产品的市场竞争力，充分发挥其节粮、高产、优质、高效的产业优势，促进我国奶业在新时期的持续、快速、健康发展。

为了满足奶业快速发展对标准化生产技术的迫切要求，我们根据近年来从事奶牛生产的实践和科研所积累的资料，借鉴国内外奶牛生产的成功经验，广泛参阅和引用了国内外相关专业文献，紧密联系实际，精心编写成《奶牛标准化生产技术》一书，以供同行参阅。本书较系统且有重点地介绍了奶牛标准化生产中的各个环节，如奶牛品种、繁殖技术、奶牛场建设、奶牛营养与饲料、饲养管理、卫生防疫、牛奶预处理等。全书资料新、技术先进可靠、可操作性强，可供广大奶牛养殖场（户）的生产技术人员参阅，对从事奶业的教学、科研和管理人员也有一定的参考价值。

因作者水平有限，加之时间仓促，书中难免有不妥和错误之处，敬请读者批评指正。

编著者

2006 年 9 月

目　录

第一章　奶牛标准化生产的概念和意义

一、我国奶业现阶段存在的问题

当前世界奶业已经步入依靠科技进步促进可持续发展的良性循环阶段。我国奶业的发展与世界的差距主要在于科技含量。就整体而言，我国奶业发展存在五大问题：一是产业化程度不高，整体技术水平较低。二是奶牛种源，特别是良种奶牛不足，单产低。尽管我国现有奶牛存栏量已突破1 000万头，但其中良种荷斯坦奶牛不足1/3。我国成年奶牛的平均单产仅为3 500千克，而美国、以色列等国家成年奶牛的平均单产可达到8 400千克，连丹麦、法国和日本等国的成年奶牛平均单产也在6 500千克以上。我国2～3头奶牛的产奶量才相当于国外1头奶牛的产奶量。三是牛奶安全检测体系不健全，原料奶质量不稳定，原料奶的乳蛋白率、乳脂率等营养指标以及细菌含量、抗生素残留量等卫生安全指标均与国外先进水平有较大差距。四是饲料、饲草生产和加工业落后，在奶牛饲料中添加抗生素、激素等作为预防用药或生长促进剂的现象较为突出。五是服务体系落后，不能满足产业化需求。因此，专家认为，加快育种、集约化饲养和环境控制等方面的技术创新，实现奶牛标准化生产，是改善我国奶源质量、实现奶源结构升级的必然选择。

二、奶牛标准化生产的概念

什么是奶牛标准化生产，目前尚无明确的表述。综合专业人士多年来的研究和探索，奶牛标准化生产应具备以下特征：一是先进性。国际标准化组织认为标准应以科学、技术和经验的综合成果为基础，以促进最佳社会效益为目的。因此，奶牛标准化生产应是奶牛养殖先进技术的全面展示，是各项先进技术标准的综合应用。二是连续性，或称继承性。时代进步和技术创新要求奶牛标准化生产要与时俱进，突出时代性。三是约束性，即需要政策和法规的约束。奶牛标准化生产不是要在某些场实现，而是要体现在行业内，得到普遍的认同。四是良种化。我国良种奶牛不足是不争的事实，但是要实现奶牛标准化生产不能停留在低层次的标准化，必须在良种化的基础上和进程中实现标准化。五是安全无公害。奶牛标准化生产的主要目的就是要实现原料奶的安全性，同时在生产过程中要以无公害作为条件，不能以牺牲环境利益来实现标准化。

三、奶牛标准化生产的意义

标准化是一个产业成熟的重要标志，奶业也不例外。我国现有奶牛数量已超过千万头，但奶源产量和质量问题一直没有解决。奶牛标准化生产可以作为转变奶业增长方式，加快奶业产业化进程的重要手段，积极推进从业人员专业化、奶牛良种化、饲料无公害化、生产环境生态化、服务现代化、生产环节规程化和产品质量优质化。在实现奶牛标准化生产的进程中，要紧跟科技进步，及时转化科技成果，反向拉动奶业的科技进步，缩小我国奶业与世界的差距。

第二章　奶牛品种标准化

一、标准奶牛品种

(一)荷斯坦牛

荷斯坦牛又称荷斯坦·弗里生牛，简称荷斯坦牛或弗里生牛。原产于荷兰的弗里生省，一般认为起源于欧洲原牛，其培育经历了2000多年的悠久历史，早在15世纪就以产奶量高而闻名于世。目前世界上的荷斯坦牛，由于各国对其选育方向不同，牛群状况各有其特点，最具代表性的是乳用型的美国荷斯坦牛和乳肉兼用型的荷兰等欧洲地区国家的荷斯坦牛。

1. 乳用型荷斯坦牛　美国、加拿大、日本和澳大利亚等国的荷斯坦牛都属于此类。

(1)外貌特征　乳用型荷斯坦牛是大型而漂亮的乳用品种，具有典型的乳用型外貌特征，成年母牛体型呈3个三角形，后躯发达。被毛细致，皮薄、弹性好，毛色呈黑白花或红白花，白花多分布于牛体的下部，界限明显。额部多有白星(白流星或广流星)，四肢下部、腹下和尾帚为白色毛。体格高大，结构匀称。头清秀狭长，眼大突出。颈瘦长，颈侧多皱纹，垂皮不发达。前躯较浅、较窄。肋骨弯曲，肋间隙宽大。尻长而平，尾细长。四肢强壮，开张良好。乳房特大，向前后延伸良好。乳静脉粗大而多弯曲，乳头长且大。

乳用荷斯坦牛成年公牛平均体重为900～1 200千克，体高145厘米，体长190厘米，胸围206厘米，管围23厘米；成年母牛平均体重650～750千克，体高135厘米，体长170厘米，胸围195厘米，管围19厘米；犊牛初生重平均38～55千克。

（2）生产性能　乳用型荷斯坦牛的泌乳性能为各乳用品种之首。母牛平均年产奶量为6 000～7 000千克，乳脂率为3.5%～3.8%，乳蛋白率3.3%。加拿大荷斯坦牛泌乳性能较美国荷斯坦牛稍差。

2. 兼用型荷斯坦牛　是指以荷兰本土荷斯坦牛为代表的许多欧洲国家的荷斯坦牛。

（1）外貌特征　体格偏小，体躯宽深，略呈矩形，乳房发育良好。鬐甲宽厚，胸宽而深，背腰平宽，尻部方正，发育良好，四肢短而开张，肢势端正。其体重比乳用型轻，公牛平均体重为900～1 100千克，母牛为550～700千克，犊牛初生重一般为35～45千克。

兼用型荷斯坦牛全身肌肉较乳用型丰满，体格较矮，母牛平均体高120厘米，体长150厘米，胸围平均为197厘米。

（2）生产性能　兼用型荷斯坦牛的平均产奶量比乳用型荷斯坦牛低，年产奶量一般为4 000～5 000千克，乳脂率为3.8%～4%。

（二）娟姗牛

娟姗牛是英国最古老的奶牛品种，因原产于英吉利海峡的娟姗岛而得名。在17世纪由该岛居民饲养的牛只与大型红色的罗曼的牛和小型的黑色布里顿牛等杂交后经过选种选配和近亲交配而育成。到18世纪，经过该岛上的长期近交和选育，而初具品种特征，尤以顺产、役用年龄长和乳质优良而闻名，并以乳脂率高而深受英国乳品加工业的青睐。1944 年英国娟姗牛品种俱乐部的成立，标志着娟姗牛正式成为一种小型的乳用品种，随后在欧美许多国家得到广泛饲养和进一步的选育提高。

18 世纪初，娟姗牛引入美国后，因为对高湿高热环境有较强抗逆性，在美国南部首先得到重视，而得以迅速发展。据美国娟姗牛协会的统计资料表明，本品种尽管在产奶量上并不十分突出，但在许多方面却优于其他乳用品种，不仅产出效益高，而且适于热带气候饲养。同荷斯坦牛相比，其乳中的干物质含量较高，千克单位体重产奶量超过荷斯坦牛，产犊年龄早，妊娠天数和产犊间隔短。最为突出的是本品种肢蹄好，对热带疾病的抵抗力极强。因而近年来，在南美洲和非洲的热带、亚热带地区得到广泛的推广应用，已表现出较强的抗逆性。

1. 外貌特征　娟姗牛体格较小，全身肌肉清秀，皮薄，骨骼细，具有典型的乳用体型。头小，较轻而短，额宽略凹陷，颜面部亦稍有凹陷，两眼间距宽，眼凸出有神。鼻镜和舌一般为黑色，口的周围有浅色毛环。耳大而薄。角中等长，向前向下弯曲，角尖为黑色。鬐甲狭窄，颈薄而有皱褶，肩直立。胸部发达、深而宽，肋骨长而弯曲，背腰平直。后躯发育良好，腹围大，乳房容积大而均匀，乳头略小。尻长、平宽。全身被毛细短而有光泽，毛色以灰褐色为最好，黑褐色次之，还有褐色、黄褐色等。四肢较短，与体躯下部近似黑色，有的个体呈白色。尾帚细长呈黑色。

娟姗牛成年公牛平均体重为 650～750 千克，母牛为 360～450 千克，犊牛初生重为 23～27 千克；成年母牛平均体高为120～122厘米，胸深64～65厘米，管围为15.5～17厘米。英国的娟姗牛体格较小，而美国的较大。

2. 生产性能 娟姗牛被公认为效率最好的奶牛品种，其每千克体重产奶量超过其他品种。平均产奶量为3 000～4 000千克，乳脂率为5%～7%，乳蛋白率为3.7%～4.4%，为世界奶牛品种中乳脂产量最高的一种。娟姗牛的奶具有绝妙的风味，其中所含的乳蛋白、矿物质和其他重要营养物质都超过了其他品种奶牛所产的奶。

(三)西门塔尔牛

西门塔尔牛原产于瑞士西部的阿尔卑斯山区。

1. 外貌特征 西门塔尔牛毛色为黄白花或淡红白花，头、胸、腹下、四肢和尾帚多为白色，皮肤为粉红色。头较长，面宽。角较细而向外上方弯曲，尖端稍向上。颈长中等。体躯长、呈圆筒状，肌肉丰满。前躯较后躯发育好，胸深，尻宽平。四肢结实，大腿肌肉发达。乳房发育好。成年公牛体重平均为800～1 200千克，母牛为650～800千克。

2. 生产性能 西门塔尔牛乳、肉用性能均较好，平均产奶量为4 070千克，乳脂率为3.9%。

(四)中国荷斯坦牛

是19世纪70年代以来，我国从欧洲和北美洲进口荷斯坦牛，进行纯种繁育，同时利用其种公牛与当地黄牛以及三河牛(红白花)，进行级进杂交，其后代长期相互交配，并不断从国外引进良种公牛及精液以改进牛群品质，经过长期选育而成的。

经过很多年全国范围的大规模改良与横交固定以及精心

选育，1985 年中国荷斯坦牛的各项指标已达品种要求，于 1987 年被正式命名。目前，全国市场销售的牛奶和奶制品，90％以上都是中国荷斯坦牛所产。

中国荷斯坦牛分布在全国各地的大中城市、工矿区以及交通沿线，主要集中分布于京、沪、津、黑龙江等省、市。

1. 外貌特征 毛色一般为黑白相间，花层分明，额部多有白斑，腹底部、四肢膝关节以下和尾端多呈白色。体躯结构匀称、宽大、较长，骨骼细致、结实，肢势端正，蹄质坚实。乳用特征明显，乳房附着良好，乳静脉明显，乳头大小、分布适中。

2. 生产性能 中国荷斯坦牛生产性能较好，平均 305 天产奶量一胎为 3 500 千克，二胎为 3 900 千克，三胎为 4 200 千克，四胎为 4 400 千克，五胎为 4 500 千克，乳脂率在 3.2％～3.4％。年受胎率为 88.75％，情期受胎率为 48.99％，繁殖率为 89.04％。母牛屠宰率为 49.7％，公牛为 58.1％。母牛净肉率为 40.8％，公牛为 50.1％。性成熟年龄为 12 月龄，适配年龄为 14～16 月龄。

（五）中国西门塔尔牛

中国西门塔尔牛是 20 世纪 50 年代引进欧洲西门塔尔牛，在我国的生态条件下，采用开放核心群育种（ONBS）技术路线，吸收了欧美多个地域的西门塔尔牛种质资源，建立并完善了开放核心群育种体系，在太行山两麓半农半牧区，皖北、豫东、苏北农区，松辽平原，科尔沁草原等地建立了平原、山区和草原 3 个类群。2001 年 10 月通过国家畜禽品种资源审定委员会牛品种审定委员会的审定，被正式命名为中国西门塔尔牛，为乳肉兼用品种。

目前，中国西门塔尔牛新品种育种群规模已达 2 万头，育种区存栏100万头，杂交改良牛600多万头，占当地牛群的70%～90%，改良黄牛头数居国内各改良品种之首，基本形成了全国统一的制种和供种体系，取得了巨大的社会效益和经济效益。

1. 外貌特征 体躯深宽高大，结构匀称，体质结实，肌肉发达，被毛光亮。毛色为红(黄)白花，花斑分布整齐。头部呈白色或带眼圈，尾帚、四肢和肚腹为白色。角、蹄呈蜡黄色，鼻镜呈肉色。乳房发育良好，结构均匀紧凑。成年公牛平均体重850～1 000千克，体高145厘米；母牛体重为550～650千克，体高130厘米。

2. 生产性能 平均泌乳天数为285天，平均产奶量为4 300千克，乳脂率为4%～4.2%，乳蛋白率为3.5%～3.9%。中国西门塔尔牛性能特征明显，遗传稳定，具有较好的适应性，耐高寒，耐粗饲，分布范围广，在我国多种生态条件下都能表现出良好的生产性能。

二、奶牛的选育

(一)奶牛的编号和标记方法

在奶牛的饲养管理中，无论是制订牛群饲养管理计划、牛的年度产奶计划、繁殖配种计划，还是进行分群、转群、死亡、淘汰、卫生防疫、疾病防治和系谱的记录等，都要针对不同牛只区别对待。此外，公牛的后裔测定、牛的良种登记、品种登记、奶牛比赛和拍卖会，也必须对牛只加以区别。因此，要求除了用照片与花片区别外，每头牛都应编制一个号码(牛号)印在牛体上，这样我们就能够准确地识别每一头牛。尤其是近代电子计算机在奶业中的应用，牛号更是首要的条件。所以，编制简便易行、内容全面的牛号是非常重要的。

1. 编号方法 犊牛出生后，应立即给予编号。编号时要注意牛号的内容应全面，以便于使用和识别，并且在一定的时间范围内不应出现重号。如有牛只死亡、淘汰或出场时，该牛耳号不应给其他牛只使用。从外地购入的牛只可继续沿用其原来的号码，不要随意变更，以便日后查考。编号的方法很多，下面推荐一种10位数的编号方法。

第一部分是全国省、市、自治区编号，为2位数，如北京市为“01”。

第二部分是牛场的编号，为3位数，如某牛场编号为“888”。

第三部分是年度后2位数，如2002年为“02”。

第四部分是年内出生顺序号，为3位数，如某犊牛年内出生顺序号为“003”。

如此，即获得了一个“0188802003”的牛号。前两部分对于一个牛场来讲是固定不变的，后两部分编号牛场可根据年度和出生顺序，自己掌握。在牛群的管理中，往往只标记后两部分编号，如“02003”，说明是2002年出生的第三只犊牛。

此外，系谱还需对进口牛记载原牛号、登记号、原耳号、牛名等。不同国家来源的牛还需注明来源国家的缩写，如美国为“USA”，荷兰为“NLD”，加拿大为“CAN”，日本为“JPN”，德国为“DEU”，丹麦为“DNK”等(根据世界荷斯坦·弗里生牛联合会规定)。

2. 标记方法 牛体编号标记的方法很多，有耳标法、颈链法、截耳法、角部烙字法、刺墨法、火烙法、牛体写字法和液氮冷烙法等。目前最常用的为耳标法。

事先准备耳标、安装钳、备用针、标签笔等相关器具，然后将奶牛保定好。在安装钳上安装耳标，并把安装钳和耳标用75%酒精消毒。左手固定牛耳，右手执钳，在耳部中心位置，迅速用力夹下去，便可戴上耳标。

(二)奶牛的线性外貌评定

奶牛线性外貌评定法于 1983 年在美国正式应用，同年传入我国，现已被许多国家采用，并且证明奶牛体型线性特征与终生产奶量和牛群生产年限之间有较高的遗传正相关，采用这种鉴定方法可取得明显的经济效益和社会效益。

奶牛线性外貌评定是根据牛的生物学特性，通过系统分析研究各形状(部位)与生产性能的关系，确定各性状的线性评分标准。按照这个标准，将奶牛的每一个生物性状在 1～50 分的范围内，从性状的一个极端到另一个极端进行衡量得到该性状的线性分，通过转换得到功能分，最后将这些不同的性状赋予一定的权数，经过数据处理，得到不同牛的评分，再确定牛的外貌等级。

与评分鉴别的描述性方法相比较，它克服了易受鉴定员主观意志、个人爱好、实践经验、牛群概况影响的缺点，因而更符合客观实际情况。不过，其数据处理较为复杂。

线性性状包括体型、尻部、肢蹄、乳房四大部分的 15 个性状。

1. 性状评定方法及要点

(1)体高　根据腰高(十字部高)评分。腰高为 140 厘米者属中等评 25 分，低于 130 厘米评 1～5 分，高于 150 厘米评 45～50 分，在此范围内每增减 1 厘米，增减 2 个线性分。

(2)胸宽(体强度)　胸宽反映了母牛保持高产水平和健

康状况的能力，胸宽用前内裆宽表示。前内裆宽为25厘米时属中等评25分，低于15厘米评1～5分，大于35厘米评45～50分，在此范围内每增减1厘米，增减2个线性分。

(3)体深　体深与母牛容纳大量粗饲料的能力有关，它以胸深率表示，即胸深与体高之比。当胸深率为50%时属中等评25分，极端深的评45～50分，极浅的评1～5分，在此范围内每增减1%，增减3个线性分。此外，体深还须考虑肋骨开张度，最后两肋间不足3厘米扣1分，超过3厘米加1分，以左侧为准。

(4)棱角性(清秀度)　它是乳用特征的反映。其中等程度为头狭长清秀，颈长短适中，鬐甲角度60°左右，能透过皮肤隐约看到胸椎棘突的突起，大腿薄，四肢关节明显，侧面可看到2～3根肋骨。极端清秀的评45～50分，极不清秀的评1～5分。

(5)尻角度　尻角度与繁殖功能和健康状况有关，它是指腰角和同侧坐骨端之连线与水平面的夹角。腰角高于坐骨端所形成的角度为正角度，反之为负角度。尻角度为+2°评25分，大于10°评45～50分，小于-6°评1～5分。在中间范围内，每增减1°，增减2.5个线性分。

(6)尻宽　尻宽与易产性有关，尻宽越宽，产犊就越顺利。尻宽根据髋宽评分，髋宽为48厘米评25分，38厘米以下评1～5分，58厘米以上评45～50分。在38～58厘米范围内，每增减1厘米，增减2个线性分。

(7)后肢侧视　后肢肢势可直接影响肢蹄部耐久力，它以飞节角度评分。飞节角度为145°时评25分，大于155°评1～5分，小于135°评45～50分。在此中间范围内，每增减1°，增减2个线性分。

(8)蹄角度　蹄角度可反映蹄的耐久力，它是指蹄底与蹄壁所成的角度。蹄角度为45°时评25分，大于155°评1～5分，小于135°评45～50分。在此中间范围内，每增减1°，增减2个线性分。

(9)前乳房附着　它反映了乳房侧韧带附着的坚实程度，用前乳房与腹壁所成角度表示。角度越大，附着越坚实。角度为90°时属中等附着评25分，小于45°评1～5分，大于120°时评45～50分。在90°～120°范围内，每增加1°，增加0.67个线性分；在90°～45°范围内，每减少1°，减0.44个线性分。

(10)后乳房高　它是反映乳房容积大小的性状之一，根据乳腺组织上缘至阴门基部的距离评分。此距离为24厘米时评25分，31厘米以上评1～5分，20厘米以下评45～50分。在24～31厘米范围内，每增加1厘米，减3个线性分；在20～24厘米范围内，每减少1厘米，增加5个线性分。

(11)后乳房宽　也是反映乳房容积大小的性状之一，根据乳腺组织上缘的宽度评分。宽度为14厘米时评25分，24厘米以上评45～50分，7厘米以下评1～5分。在此范围内每增加1厘米，增加2个线性分；减少1厘米，减3个线性分。同时，还要考虑乳房褶皱数，每出现1条乳房皱褶可加1分，当乳房皱褶超过3条时，按3条计。

(12)悬韧带　悬韧带强弱直接决定了乳房的悬垂状况，它的强弱根据后乳房基部至中央悬韧带处的深度评分，即左右乳房之间乳沟的深度。中等深度为3厘米，评25分；6厘米为极深，评45～50分；0厘米以下评1～5分。每增减1厘米，增减6.67个线性分。

(13)乳房深度　乳房深度关系到乳房容积大小，一定的深度有利于乳房容积的增大，但太深时易引起损伤，是下垂的表现。乳房深度根据乳房底部与飞节的相对位置评分，高于飞节 5 厘米评 25 分，高于飞节 15 厘米以上评 45～50 分，低于飞节 5 厘米以下评 1～5 分。每增减 1 厘米，增减 2 个线性分。

(14)乳头位置　它反映了乳头分布的均匀程度，关系到挤奶操作的难易和乳头是否容易发生损伤。乳头处于中央分布评 25 分；乳头分布越集中，分数越高，极靠内评 45～50 分；越离散，分数越低，极靠外评 1～5 分。

(15)乳头长度　乳头长度关系到挤奶操作的难易程度。乳头长度为 5 厘米时评 25 分，大于 9 厘米以上评 45～50 分，小于 2 厘米以下评 1～5 分。每长 1 厘米加 5 个线性分，每短 1 厘米减 6～7 个线性分。

根据性状的评定方法，借助测杖、圆测器等，将每个性状评出线性分后填入表 2-1 中。

表 2-1　奶牛线性外貌鉴定记录表

<table>
<tr><td rowspan="3">牛号</td><td rowspan="3">胎次</td><td rowspan="3">产犊日期</td><td colspan="14">线性性状</td><td colspan="6" rowspan="2">等级评分</td></tr>
<tr><td colspan="4">体型</td><td colspan="2">尻部</td><td colspan="2">肢蹄</td><td colspan="6">乳房</td></tr>
<tr><td>体高</td><td>胸宽</td><td>体深</td><td>棱角性</td><td>尻角度</td><td>尻宽</td><td>后肢侧视</td><td>蹄角度</td><td>前乳房附着</td><td>后乳房高</td><td>悬韧带</td><td>后乳房深</td><td>乳头位置</td><td>乳头长度</td><td>一般外貌</td><td>乳用特征</td><td>体躯容积</td><td>泌乳系统</td><td>整体评分</td><td>等级</td></tr>
<tr><td colspan="3">线性分</td><td></td><td></td><td></td><td></td><td></td><td></td><td></td><td></td><td></td><td></td><td></td><td></td><td></td><td></td><td></td><td></td><td></td><td></td><td></td><td></td></tr>
<tr><td colspan="3">功能分</td><td></td><td></td><td></td><td></td><td></td><td></td><td></td><td></td><td></td><td></td><td></td><td></td><td></td><td></td><td></td><td></td><td></td><td></td><td></td><td></td></tr>
</table>

2. 外貌等级评定　根据以上形状的线性评分，通过表 2-2 转换为百分制功能分，然后按表 2-3 所列性状的分类和权重计算整体评分。

表 2-2　线性评分转换百分表

线性评分	体高	胸宽	体深	棱角性	尻角度	尻宽	后肢侧视	蹄角度	前乳房附着	后乳房高	后乳房宽	悬韧带	后乳房深	乳头位置	乳头长度
50	80	75	75	75	51	88	51	80	80	97	97	80	70	75	70
49	82	75	76	76	53	89	52	81	82	96	96	83	71	78	71
48	84	76	77	77	56	90	53	82	84	94	95	86	72	81	72
47	86	76	79	79	59	91	54	83	86	92	94	89	73	84	73
46	88	77	82	82	62	93	55	84	88	91	93	92	74	87	74
45	90	77	85	85	65	95	56	85	90	90	92	95	75	90	75
44	93	78	86	87	66	97	57	86	92	89	92	94	76	90	76
43	95	78	87	89	67	95	58	87	94	88	91	93	77	89	77
42	97	79	88	91	68	93	59	88	95	87	91	92	79	89	78
41	96	82	89	93	69	91	60	89	94	86	90	91	82	88	79
40	95	85	90	95	70	90	61	90	92	85	90	90	85	88	80
39	94	88	89	93	71	89	62	91	90	84	89	89	87	87	81
38	93	91	88	91	72	88	64	92	88	83	88	88	89	87	82
37	92	94	87	89	73	87	66	93	87	82	87	87	90	86	83
36	91	92	86	87	74	86	68	94	86	81	86	86	91	86	84
35	90	90	85	85	75	85	70	95	85	81	85	85	92	85	85
34	89	88	84	84	76	84	71	93	84	80	84	84	91	85	86
33	88	86	83	83	77	83	72	91	83	80	83	83	90	84	87
32	87	84	82	82	78	82	73	89	82	79	82	82	89	84	88
31	86	82	81	81	79	82	74	87	81	78	81	81	87	83	89
30	85	80	80	80	80	81	75	85	80	78	80	80	85	83	90
29	84	79	79	79	82	80	78	83	79	77	79	79	82	82	90
28	83	78	78	78	84	80	81	81	78	77	78	78	79	82	88
27	82	77	77	77	86	79	84	79	77	76	77	77	77	81	85
26	81	76	76	76	88	78	87	77	76	76	76	76	76	81	83
25	80	75	75	76	90	78	90	76	76	75	75	75	75	80	80
24	79	75	75	76	88	77	87	75	75	75	74	74	74	79	78

续表 2-2

线性评分	体高	胸宽	体深	棱角性	尻角度	尻宽	后肢侧视	蹄角度	前乳房附着	后乳房高	后乳房宽	悬韧带	后乳房深	乳头位置	乳头长度
23	78	74	74	74	86	76	84	74	74	74	73	73	73	78	76
22	77	74	74	73	84	76	81	73	73	72	72	72	72	77	74
21	76	73	73	72	82	75	78	72	72	71	71	71	71	76	72
20	75	73	73	70	80	74	75	71	70	70	70	70	70	75	70
19	74	72	72	69	78	73	73	70	69	70	69	69	69	72	69
18	73	72	72	68	76	72	71	69	68	69	68	68	68	71	68
17	72	72	71	67	74	71	69	69	67	69	67	67	67	69	67
16	71	70	70	66	72	70	67	68	66	68	66	66	66	67	66
15	70	69	69	65	70	69	65	68	65	68	65	65	65	65	65
14	69	68	68	64	69	68	64	67	64	67	64	64	64	64	64
13	68	67	67	63	67	67	63	67	63	67	63	63	63	63	63
12	67	66	66	62	66	66	62	66	62	66	62	62	62	62	62
11	66	65	65	61	65	65	61	65	61	66	61	61	61	61	61
10	64	64	64	60	64	64	60	64	60	65	60	60	60	60	60
9	63	63	63	59	63	63	59	63	59	64	59	58	59	59	59
8	61	61	61	58	61	61	58	61	58	63	58	58	58	58	58
7	60	60	60	57	60	60	57	59	57	61	57	57	57	57	57
6	58	58	58	56	58	58	56	58	56	59	56	56	56	56	56
5	57	57	57	55	57	57	55	56	55	58	55	55	55	55	55
4	55	55	55	54	55	55	54	55	54	56	54	54	54	54	54
3	54	54	54	53	54	54	53	53	53	54	53	53	53	53	53
2	52	52	52	52	52	52	52	52	52	52	52	52	52	52	52
1	51	51	51	51	51	51	51	51	51	51	51	51	51	51	51

表 2-3　特征性状的权重构成以及整体评分

项目	体躯容积（15）				乳用特征（15）					一般外貌（30）							泌乳系统（40）							整体评分
具体性状	体高	胸宽	体深	尻宽	棱角性	尻角度	尻宽	后肢侧视	蹄角度	体高	胸宽	体深	尻角度	尻宽	后肢侧视	蹄角度	前乳房附着	后乳房高	后乳房宽	悬韧带	后乳房深	乳头位置	乳头长度	
权重																								

整体评分 90 为优，85～89 为良，80～84 为佳，75～79 为好，65～74 为中，64 以下为差。

3. 评定时的注意事项　奶牛线性外貌评定的主要对象是母牛，从第一胎开始到第五胎为止，每胎鉴定 1 次，从中取一最高成绩认定为该牛的终生成绩。一般对公牛个体本身不进行线性鉴定。

评定季节以春、秋季为宜，冬、夏季会掩盖或夸大其棱角性，影响评定的准确性。

一般在每胎产后 30～150 天之间鉴定，以产后 60 天左右鉴定最佳，以求较精确的后乳房宽。在干奶期、围产期、疾病期不进行鉴定。

对体躯两侧的某些形状，如蹄角度、后肢侧视等，应鉴别健康的、有利于牛体得分的一侧。

鉴定时要注意人身安全，充分利用自身的体尺（如手掌宽、臂长等）作为标准，进行鉴定。

（三）奶牛产奶性能的测定

奶牛产奶性能的测定是奶牛场的重要工作之一，是进行选育效果评定、饲料报酬验证、等级评定技术措施考察、生产计划拟订、成本计算等的依据。奶牛的产奶性能主要通过产奶量、乳成分、饲料报酬等方面来表示，其具体测定方法如下。

1. 产奶量的测定 测定产奶量最精确的方法是：每头牛每次产奶量由挤奶员记录，每天产奶量再由统计员统计，然后每月统计至泌乳期结束后进行总和，即为全泌乳期产奶量。但这种方法十分繁琐，工作量大。中国奶牛协会建议每月记录3次，每次之间相距8～11天，将每次所得的数值乘以所隔天数，然后相加，最后即得出每月产奶量和泌乳期产奶量。其计算公式为：

$$(M_1 \times D_1)+(M_2 \times D_2)+(M_3 \times D_3)=\text{月产奶量(千克)}$$

式中 M_1、M_2、M_3 为各测定日全天产奶量，D_1、D_2、D_3 为当次测定日与上次测定日间隔天数。

2. 乳成分的测定 测定人员在测定产奶量的同时，按比例采取奶样，然后集中送到牛奶分析实验室，由专人进行分析。奶样的总收集量，应不少于30毫升，以接近但不低于0℃的温度保存。通常应测定的指标包括干物质含量、乳脂率、非脂乳固体、乳蛋白率、乳糖、灰分等。

3. 标准乳的换算 不同个体所产的奶，其乳脂率高低不一。为评定不同个体间产奶性能的优劣，应将不同乳脂率的奶校正为同一乳脂率的奶，即乳脂率为4%的标准乳(FCM)，然后进行比较。

$$FCM=M \times (0.4+15F)$$

式中 M 是乳脂率为 F 的产奶量。

4. 饲料报酬的计算 计算奶牛的饲料报酬是鉴定奶牛品质好坏的重要指标之一，也是育种工作的重要内容之一。

饲料报酬的计算有以下2种方法，从不同角度考察了奶牛的饲料转化能力。

$$饲料报酬=\frac{全泌乳期总产奶量(千克)}{全泌乳期饲喂各饲料干物质总量(千克)}\times100\%$$

$$饲料报酬=\frac{全泌乳期饲喂各饲料干物质总量(千克)}{全泌乳期总产奶量(千克)}\times100\%$$

(四)奶牛的选种

选种是育种工作的基础,同时也是一项复杂而细致的工作。实践证明,任何育种方案的成功,都有赖于育种工作者选种的水平。选种必须有完整的育种记录,开展外貌鉴定并以育种资料进行整理与分析。近年来,由于加强了选择强度,从而加快了遗传进展。

1. 种公牛的选择 种公牛是影响奶牛群遗传品质的主要因素。从某种意义上讲,种公牛的选择比种母牛的选择更重要,尤其是奶数量需求增长较快时。所以,选择和培育种公牛是育种工作的关键性措施。特别是在采用冷冻精液人工授精的今天,其意义更为重要。1 头良种公牛通过人工授精,可将其优良基因广为传播,从而尽快地达到改良牛群的目的。

(1)后裔测定 是选择优良种公牛的主要手段,育种工作者应当始终把种公牛的后裔测定作为一项中心任务。

①最佳线性无偏估测(BLUP)法 是 1973 年由美国提出的一种评定种公牛的方法。目前,许多国家均已采用。其优点是估测精确度高,估计的误差小,可用线性函数表示。它的基本出发点就是从女儿的表现值(产奶量)中将公牛育种值剖分出来,也可将牛群效因或来源效因剖分出来。这样所得的公牛育种值(公牛效因)是消除了牛群差异的影响,以此作

为依据来评定种公牛，其真实遗传效因的精确度大为提高。但本方法计算繁琐复杂，所以必须用电脑才能完成计算，目前国外已经开发有相关的软件。

②总性能指数（TPI）法　良种公牛的选择，主要是通过种公牛的后裔测定，选出相对育种值较高的公牛留作种用。但是，过去采用同期同龄法，估计育种值时仅考虑公牛女儿的产奶量而没有估计其乳脂率和体型外貌，这是一大缺点。美国提出新的选择公牛方法，称为"总性能指数"（Total Performance Index，TPI），即包括产奶量、乳脂率以及体型外貌3个指标的综合指数。

总性能指数是把几个主要的不同性状的资料，按其遗传力和经济重要性合并成一个指数，作为选留的标准。

(2)青年公牛的选择　青年公牛一般根据系谱资料选择，同时也要进行外貌鉴定，外貌有缺陷者不能留作种用。

青年公牛在未证明是否为良种之前，当达到配种年龄时，一般可先在一个配种季节使其与选定的母牛进行配种，然后停配。直到它的第一批女儿有产奶记录后进行测定，再决定是否可留作种用。用于人工授精的青年公牛一般被测女儿头数为50～100头，全部女儿应分布在5个以上的牛群中，以增加评定的准确性。采用上述方法，一般在5岁时即可证明该公牛是否为良种。所以，公牛的使用年限，比别的方法可延长2～3年。另外一种方案是青年公牛达到配种年龄后，开始有计划地进行采精和精液冷冻，同时进行后裔鉴定。该公牛的精液冷冻到一定数量后，即可将其淘汰，其后裔鉴定结果出来后，可根据其育种价值高低确定冷冻精液是否全部或部分用于配种，还是全部废弃。从经济角度考虑，采用保存精液的方法比饲养公牛等待鉴定结果的方法成本低。

2. 母牛的选种

(1)种子母牛的选择　种子母牛是从育种群中选出的最优秀母牛,通过它来生产、培育良种公牛。这是育种工作中一项重要的基本工作,对不断提高公牛质量,加速牛群改良极为重要。

1976 年,原北方地区黑白花奶牛育种科研协作组,对种子母牛提出如下 5 条标准:一是系谱中父母应为育种登记牛,三代血统清楚。系谱包括血统、本身外貌、生产性能、女儿情况以及历史上是否出现过怪胎、难产等。二是外貌特征、乳房、四肢等重要部分无明显缺陷者。三是第一、第二、第三胎产奶量在 7 000 千克、8 000 千克和 9 000 千克以上,平均产奶量在 8 000 千克以上。四是乳脂率在 3.4%~3.6%或以上。五是产犊间隔不超过 380 天。

美国对后备公牛的母亲特别重视,对其母亲要求是产奶量超过同期、同龄牛;其半同胞产奶量也得超过同期、同龄牛;其系谱中的牛必须体型好、长寿、性情温驯、繁殖效率高。

(2)生产母牛的选择　生产母牛主要根据其本身表现进行选择,包括体质外貌、体重与体型大小、产奶性能、繁殖力、早熟性和长寿性等性状。最主要是根据产奶性能进行评定,选优去劣。产奶性能包括以下各项。

①产奶量　一般是根据母牛产奶量高低次序进行排列,将产奶量高的母牛选留,产奶量低的淘汰。

②奶品质　除乳脂率外,还应重视对乳蛋白的选择。乳脂率的遗传力为 0.5~0.6,重复力为 0.7,乳蛋白的遗传力为 0.45~0.55,非脂固体物遗传力为 0.45~0.55,这些性状的遗传力都较高,通过选择容易见效。而且乳脂率与乳蛋白含量之间呈 0.5~0.6 的中等正相关,与其他非脂固体物含量也

呈 0.5 左右的中等正相关，这表明在选择高乳脂率的同时，也相应地提高了乳蛋白和其他非脂固体物的含量，达到一举两得之功效。但在选择乳脂率的同时，还应考虑乳脂率与产奶量的负相关关系，二者要同时进行，不能顾此失彼。

③饲料报酬　也是奶牛的重要选择指标之一。饲料报酬率较高的奶牛，每 100 千克饲料能产奶 100～125 千克。

④排乳速度　排乳速度快的奶牛，有利于在挤奶厅中集中挤奶，可提高劳动生产率。

⑤前乳房指数　在一般情况下，母牛的前乳房不如后乳房大，后乳房一般比前乳房大 0.1～1 倍。初胎母牛前乳房指数比二胎以下的成年母牛大。据瑞典研究，前乳房指数的遗传力为 0.32～0.76，平均为 0.5。

⑥泌乳均匀性的选择　产奶量高的母牛，在整个泌乳期中泌乳稳定、均匀，下降幅度不大，产奶量能维持在很高的水平上。这种母牛所生的后代公牛，在育种上具有特别重要的意义，因为它在一定程度上能将此特性遗传给后代（h＝0.2）。因此，泌乳均匀性的选择对奶牛具有一定意义。

奶牛在泌乳期中泌乳的均匀性，一般可分为以下 3 种类型：一是剧降型。此类型的母牛产奶量低，泌乳期短，但最高日产量较高。一般从分娩 2～3 个月后泌乳量开始下降，而且下降的幅度较大。最初 3 个月产奶量大约为 305 天总产奶量的 46.4％，第四、第五、第六 3 个月为 29.8％，以后几个月为 23.8％。二是波动型。此类型母牛泌乳量不稳定，呈波动状态。最初 1～2 个月内泌乳量很高，第三、第四个泌乳月变低，第五、第六个泌乳月又升高，随后又下降。此类型母牛泌乳量不高，繁殖力也较低，适应性差，不适宜留作种用。三是平稳型。此类型母牛在牛群中最常见，泌乳量下降缓慢而均匀，产奶量高。一般在最初3个月泌乳量为305天总产奶量的36.6%，第四、第五、第六3个月为31.7%，最后几个月为31.7%。此类型母牛健康状况良好，繁殖力较高，可留作种用。

产奶性能的选择，除上述各项外，近年有些国家还增加了"乳房内残留奶量(Residual Milk)"一项。通过对牛本身表现的选择，可使牛群质量逐步提高，并趋于一致。

3. 犊牛和青年母牛的选择 为了保持牛群高产、稳产和正常的更新，每年必须选留一定数量的犊牛和青年母牛。为满足这个需要，并能适当淘汰不符合要求的初胎母牛，每年选留的母犊牛数量不应少于泌乳母牛的1/3。

(1)系谱选择 对初生母犊牛以及青年母牛，首先是按系谱选择，即根据所记载的祖先情况，估测来自祖先各方面的遗传性。

按系谱选择犊牛和青年母牛，应重视最近3代祖先，因为祖先越近，对该牛的遗传影响越大。系谱一般要求三代清楚，即应有祖先牛号、体重、体尺、外貌和生产成绩，公牛还应具有后裔测定资料。系谱鉴定，最主要的是要保证系谱的完整性和资料的可靠性。所以，长期保存育种记录是很重要的。通过系谱鉴定，可以了解个体间有无亲缘关系以及品种特性(纯度)。

(2)生长发育选择 按生长发育选种，主要以体尺和体重为依据，其主要指标是初生重、6月龄和12月龄体重、日增重以及第一次配种和产犊时的年龄与体重，有的品种牛还规定了一定的体尺标准。

(3)体型外貌选择 犊牛出生后，于6月龄、12月龄以及配种前按犊牛和青年牛鉴定标准分别进行1次体型外貌鉴定，对不符合标准的个体应及时淘汰。

(五)奶牛的选配

选配是在鉴定和选种的基础上,根据一定的原则安排公、母牛的交配组合。根据鉴定,特别是后裔鉴定的材料来组织公、母牛的交配组合,可使双亲优良的特性、特征和生产性能结合到后裔上,巩固选种的成果。

1. 品质选配 分为同质选配和异质选配 2 种。

(1)同质选配 是选用体型外貌和生产性能相近,且来源相似的优秀公、母牛进行交配,以期获得相似的优秀后代。同质选配的原则是好牛配好牛,以产生更好的后代。农谚说:"公的好,母的好,后代错不了"就是这个意思。同质选配绝不允许所选的公、母牛有共同的缺点,因为这样的选配,将会使缺点更加巩固。

(2)异质选配 是利用体型外貌和生产性能不同的公、母牛进行交配。异质选配可以提高双亲的差异性,其目的是为了获得双亲有益品质的结合,从而获得兼有双亲不同优点的后代。例如,为了创造高产的体型和新的品种,可用不同品种的牛进行选配。我国利用黄牛和奶牛的杂交后代与荷斯坦牛进行选配,从而提高了产奶量,还改善了乳用体型和乳房结构。

同质选配和异质选配是相对的,二者在生产实践中是互为条件、相辅相成的。长期的同质选配能增加群体中遗传性稳定的优良个体,为异质选配提供良好的基础;而异质选配中创造的新品种或优秀后代,应及时转入同质选配,使新获得的优良性状得以巩固。所以,同质选配和异质选配是不可分割的,只有将两者密切配合,交替使用,才能不断提高和巩固整个牛群的品质。

2. 选配方式 在生产实践中,常采用以下几种选配方式。

(1)个体选配　这种方式的选配多在育种场进行。由于每头母牛都要按自己的特点与最优秀的种公牛进行交配，所以为了实现选配计划，必须很好地了解个体特性、来源、外貌和生产性能，同时也要了解其过去的选配效果。在这样的选配中获得优良的公牛比母牛更为重要。

(2)群体选配　这种选配方式的本质是根据母牛群的特点来选择2头以上的种公牛，以1头为主，其他为辅。这种选配方式多应用于非育种场或人工授精站。

(3)个体群体选配　这种选配方式要求把母牛根据其来源、外貌特点和生产性能进行分群，每群选择比该牛群优良的种公牛进行交配。这种选配既可应用于育种场也可用于人工授精站。

总之，任何一种选配方式，种公牛的品质必须高于母牛。

3. 选配计划　选配计划的制订应在研究牛群中每头母牛以往选配效果的基础上，进一步分析每头牛的特性之后进行。如果过去的选配效果良好，即可采用重复选配；对已证明过去选配效果不理想的个体，要及时进行适当调整；对没有交配过的母牛，可参照同胞姊妹和半同胞姊妹的选配方案进行，也可作为初配母牛进行选配。

选配计划通常按表2-4的模式进行编制。

表2-4　奶牛选配计划表

母牛号	与配公牛号	亲缘关系	以往选配效果	本次预期选配效果

选配计划必须严格执行。为了使选配计划落到实处，主管育种的工作者必须定期进行检查，发现问题要及时解决，以便使选配计划顺利进行。

第三章　奶牛繁殖标准化

一、奶牛繁殖性能指标

中国奶牛协会对奶牛繁殖性能的各项指标都规定了标准和计算公式，是考核人工授精员工作业绩的依据。

（一）受胎率

国际上通常以情期受胎率来衡量和比较牛群的繁殖水平和技术水平。年情期受胎率计算公式为：

$$\text{年情期受胎率}=\frac{\text{年受胎母牛总头数}}{\text{年发情并配种牛总头次}-\text{配后 2 个月内出群未孕牛}}\times 100\%$$

年情期受胎率统计日期按繁殖年度，即上年 10 月 1 日至本年 9 月 30 日止计算，要求年情期受胎率达到 50％以上。

（二）年一次受胎率（年第一情期受胎率）

年一次受胎率可反映人工授精员掌握配种技术的水平。其计算公式为：

$$\text{年一次受胎率}=\frac{\text{与分母相应牛头数中的受胎数}}{\text{第一情期实施配种的牛头数}}\times 100\%$$

以繁殖年度计算，要求年一次受胎率达到 55％以上。

（三）年总受胎率

年总受胎率以繁殖年度计算，要求达到90%±5%（头胎牛95%，产奶量较高的成年母牛80%～85%）。年总受胎率的计算公式为：

$$年总受胎率=\frac{年受胎母牛头数}{年受配母牛数}\times 100\%$$

年受配母牛数为期初18月龄以上母牛，加期初未满18月龄但参加配种的牛，再加不正产后又配上的牛，减去配后2个月内出群未孕牛。

以受配后60天的妊娠检查结果确定受胎头数。

（四）年繁殖率

年繁殖率的计算公式为：

$$年繁殖率=\frac{年内繁殖总头数+年内出售牛中预测年内分娩头数}{年初满18月龄以上母牛头数+年初18月龄以下在年内分娩头数}\times 100\%$$

年内繁殖总头数中包括妊娠7个月以上中断妊娠的母牛头数，1次产双胎以1头计，1年繁殖2次以2头计。

统计时按自然年度统计，即当年1月1日至12月31日。

年繁殖率要求头胎母牛在95%以上，经产母牛在80%以上。

（五）平均年受胎配种次数

平均年受胎配种次数计算公式为：

$$平均年受胎配种次数=\frac{年内配种次数}{年内受胎头数}$$

平均年受胎配种次数可按年、月、季度计算，也可按精液批号和公牛号来统计和计算。

通过计算年平均受胎配种次数可以检验和分析人工授精员的技术素质、公牛精液质量以及各种应激因素对受胎率的影响。

（六）平均年产犊间隔天数

平均年产犊间隔天数计算公式为：

$$平均年产犊间隔天数=\frac{年内产犊的经产母牛的产犊间隔总天数}{年内产犊的经产母牛数}$$

产犊间隔天数指年内产犊日期与上一胎产犊日期之间的相隔天数。

产犊母牛的妊娠天数应大于 270 天，产犊的经产母牛头数应以妊娠天数大于 270 天的头数计算。

二、奶牛的繁殖管理

（一）繁殖管理的对象

从总体上讲，畜牧、兽医和人工授精员的工作都与繁殖有关，都是繁殖管理的对象。其中与人工授精员的工作有直接关系，所以繁殖管理的对象主要是人工授精员。

(二)繁殖管理的目标

通过繁殖管理提高母牛的繁殖率，以达到下列目标。

第一，80%的母牛产犊后 60 天内发情并配种。

第二，60%的育成母牛第一次配种受胎。

第三，55%的经产母牛第一次配种受胎。

第四，受胎所需配种次数少于 1.6 次。

第五，牛群中难孕牛应少于 10%。

第六，牛群中隐性发情牛应少于 15%。

第七，后备牛 16 月龄时能达到可配种体重(即 375 千克)。

第八，空怀天数不超过 100 天。

第九，产犊间隔 13 个月左右。

第十，育成母牛繁殖率达到 95%以上，经产母牛达到 80%以上。

三、达到繁殖管理目标的措施

(一)制订重要繁殖性状的指标和实施措施

1. 分娩至妊娠间隔时间 分娩至发情配种时间要求在 70 天左右，分娩至妊娠的间隔时间要求在 85 天左右，影响产犊间隔的因素主要是这两段间隔时间。因此，要求人工授精员提高发情的检出率。母牛分娩后 60 天不见发情应做检查，分娩至配种的适宜时间为 55～70 天。

2. 受胎配种次数 1 头牛的受胎配种次数应不超过 1.6 次。要求母牛的正常发情率达到 90%以上(包括对不孕牛治疗后的发情状况),人工授精员熟练掌握适时配种时间,使发情期受胎率达到55%以上。

3. 繁殖率 育成母牛达到95%以上,经产母牛达到80%以上。人工授精员应有熟练的诊断技术和治疗经验,降低流产率(低于5%),并使牛群的难孕牛少于10%。

(二)建立必要的检查制度

1. 产后检查 是繁殖控制程序中的重要环节,重点是发生难产和产后疾病的母牛。

2. 配种前检查 判定发情的母牛是否符合配种要求,应检查子宫分泌黏液情况,并通过直肠检查法了解子宫状况和卵泡发育程度等。

3. 妊娠检查 早期妊娠检查能及时对返情牛进行配种,缩短产犊间隔。

4. 难孕母牛检查 经3次配种未妊娠的母牛、产后60天未见发情的母牛、流产后的母牛和发情异常的母牛等,都应及时检查和进行必要的治疗。

(三)建立繁殖记录

1. 发情记录 包括发情时间和发情时的行为、神态、分泌物、卵泡、出血等情况。

2. 配种记录 记录配种日期、公牛号、输精部位、配种次数和用药情况等。

3. 妊娠检查记录 记录检查日期、妊娠检查项目及判定结果等。

4. 产犊记录 记录牛号,产犊日期,产犊情况,犊牛初生重、性别和处置情况等。

5. 产后子宫处理记录 记录牛号，产后生殖道状况，处理的时间、药物、剂量和效果等。

6. 难产牛检查治疗记录 记录检查日期和检查结果，用药名称、剂量以及治疗效果。

7. 流产记录 记录牛号、流产日期、原因分析、流产情况（包括母体和胎儿的情况）等。

（四）建立报表制度

要求人工授精员在做好繁殖记录的基础上，每月上报有关配种、妊娠、流产、产犊、难孕牛治疗等情况的报表，以便及时发现问题，为改进饲养、饲料、兽医等方面工作提供依据，并为年底场内考核做好基础工作。

四、发情诊断与同期发情技术

（一）发情诊断

能否做到适时输精是保证受胎率的关键。奶牛的发情周期和排卵特点存在较大的个体差异，为了准确判断发情表现，做到适时输精，应重点做好个体的发情观察和记录。目前常用的发情诊断方法有以下几种。

1. 外部观察法 根据母牛在发情时的精神状态、行为和生理表现，特别是外阴部的变化和阴门内流出的黏液性状以及是否接受其他母牛爬跨，作为母牛发情的主要依据。每天定时观察，观察时母牛应在运动场中做逍遥运动。

（1）发情早期 发情母牛被其他母牛爬跨时站立不稳是这一阶段的主要标志。其他表现还包括：发情母牛试图爬跨其他母牛；嗅闻其他母牛；追随其他母牛并与之结伴；兴奋不安；敏感；阴门流出少量稀薄分泌物且有轻度肿胀；哞叫。此期一般持续6～24小时。

(2)站立发情阶段　发情母牛接受其他母牛爬跨并站立不动是这一阶段的最明显特征。其他表现还包括：爬跨其他母牛；不停哞叫，频繁走动；敏感；弓背，腰部凹陷，荐骨上翘；嗅闻其他母牛的生殖器官；阴门红肿，有大量透明黏液流出；因被爬跨致使尾根部被毛蓬乱；食欲差，产奶量下降，体温升高；阴道和子宫颈黏膜潮红而有光泽，黏液分泌增多，子宫颈口开张；群内一些母牛常嗅闻其外阴部。

(3)发情后期　发情母牛不再接受其他母牛的爬跨，但被其他母牛嗅闻或有时嗅闻其他母牛；有透明黏液从阴门流出；尾部有干燥的黏液。

2. 阴道检查法　外部观察结合阴道检查有助于更准确地鉴别发情母牛。阴道检查是用开膣器打开母牛阴道，观察其阴道黏膜充血、黏液分泌以及子宫颈口开张等情况来判定母牛是否发情的方法。已发情的母牛阴道黏膜充血潮红，有流动性透明黏液，子宫颈肿胀，子宫颈外口松弛并开张，同时可见较多的黏液黏附在子宫颈口及其边缘。未发情的母牛阴道黏膜苍白，较干燥，子宫颈口紧闭。

阴道检查前，将母牛保定，用0.1%～0.2%高锰酸钾溶液或1%～2%来苏儿溶液消毒外阴部，再用温开水冲洗之后用消毒过的毛巾擦干。开膣器先用2%～5%来苏儿溶液浸泡消毒后，再用温开水将药液冲洗掉，涂上一定量消毒后的液体石蜡润滑。然后，一手持开膣器，另一手拨开阴门，将开膣器慢慢地插入阴道内，至适当深度后，按压把柄扩张阴道，借助一定光源(手电、额镜、额灯等)观察母牛阴道和子宫颈的变化。阴道检查时,要严格遵守技术操作规程。插入开膣器要缓慢,将开膣器取出后再关闭,以免损伤阴道。开膣器的温度要适宜,检查时间不宜过长,更不能频繁地插入和取出,以免物理刺激影响观察结果。严格遵守消毒制度,每检查一头牛,要对开膣器进行冲洗和重新消毒,以免感染生殖道疾病和其他传染病。

3. 直肠检查法 检查前,先将母牛保定,检查人员穿上工作服,将指甲剪短锉光,右手徒手或戴上一次性长臂手套,可将手臂用水蘸湿保持润滑,也可在水中加少量液体石蜡增加润滑性。冬季操作时,可用热水浸泡手臂,以防冷刺激,影响操作。抚摸母牛肛门周围并使其湿润,然后手呈楔形,手心向上,来回旋转,插入肛门内,将手掌展开,掌心向下,用力按下,并左右抚摸,在骨盆底的正中感到前后长而稍扁的棒状物,即为子宫颈。试用拇指、中指和其他手指将其握在手中,感受其粗细、长短和软硬。然后,拇指、食指和中指稍分开,顺着子宫颈向前缓缓移动,在子宫颈正前方由食指触到一条浅沟,此为子宫角角间沟。沟的两旁各有一条向前下弯曲的圆筒状物,如成人食指般粗细,此为左、右侧子宫角。摸到一侧子宫角后继续向前滑动,到达子宫角的大弯处,向下向侧面探摸,可摸到一扁圆、柔软且有弹性的肉质器官,即为卵巢。用食指和中指夹住卵巢的系膜,然后用拇指触摸卵巢及其表面的卵泡。在检查中若卵巢滑脱,应从寻找子宫颈开始重新操作。

母牛卵巢触诊卵泡可分为以下几个阶段。

(1)卵泡出现期(1 期) 通过直肠触摸,可在卵巢上摸到一软化点(卵泡),直径为 0.5～0.75 厘米,此时卵巢稍增大,卵泡无波动感。正常情况下此时母牛已经开始发情。这种卵泡状态大约持续 10 小时。记录时可根据卵泡所处的左、右卵巢，记录为左1或右1。

(2)卵泡发育期(2期)　卵泡发育到直径1～1.45厘米时，呈球状突出于卵巢表面，且有波动感。这种状态可持续10～12小时。此时母牛已由发情盛期进入发情后期，是输精的最佳时机。记录时，可根据卵泡所处位置，记录为左2或右2。

(3)卵泡成熟期(3期)　卵泡大小不再变化，但卵泡壁变薄，触摸时有一触即破的感觉，这种状态一般持续不足7个小时。可根据卵泡位置记录为左3或右3。此阶段触摸卵泡时，一定要谨慎，避免在触摸时将卵泡捏破而不能受精。

(4)排卵期(4期)　在卵泡位置可摸到一个凹陷，但卵泡液尚未流完，可触摸到柔软的卵泡壁。可根据卵泡位置记录为左4或右4，此时输精尚有相当高的受胎率。

母牛排卵后，开始在排卵凹陷处形成黄体，最初形成的黄体较软，触之有软面团感，无波动感，直径小于1厘米，在10天内增大到2～2.5厘米。

4. 试情法　将结扎输精管的公牛放入母牛群中，观察试情公牛所跟随的母牛的行为，如果接受试情公牛爬跨，并叉开后肢，站立稳定，说明母牛已经进入发情盛期。但奶牛场一般很少饲养公牛，故试情法很少应用。

(二)同期发情

同期发情又称同步发情或控情技术，是对母牛群体施用某些激素或其他药物来改变它们自然发情周期的进程，调整到相对集中的时间内发情，并在数日内同时进行配种。同期发情能有计划地集中安排牛群的配种和产犊，有利于人工授精工作的开展，有效推动冷配技术的普及应用，便于组织生产。另外，用激素处理还可使一些乏情母牛发情，减少不孕，提高奶牛的繁殖率。

1. 孕激素处理法 主要是通过抑制发情来实现发情的同期化。所用孕激素类药物包括孕酮、甲孕酮、甲地孕酮、氯地孕酮、氟孕酮、18-甲基炔诺酮、16-次甲基甲地孕酮等。其用药方式有阴道栓塞法、口服法、埋植法和注射法。用孕激素处理后，黄体一般在停药后 2～5 天退化，孕激素抑制发情的作用解除，达到发情同期化的目的。在停药当天，配合肌内注射促进排卵的药物，如孕马血清促性腺激素（PMSG）和促黄体素释放激素（LHRH），或同时注射雌激素，可以明显促进发情并排卵。

（1）阴道栓塞法 将清洁的塑料或海绵泡沫切成直径约 10 厘米、厚 2 厘米的圆饼形，也可用硅橡胶环，或适宜的医用棉栓，拴上细线，经灭菌和干燥后浸吸一定量溶于植物油的药液，以长钳塞于母牛阴道深部子宫颈口处，使药液不断被阴道黏膜所吸收，放置 14～16 天取出，取出当天每头牛肌注孕马血清促性腺激素 1 000 单位，用药后 2～4 天内母牛即可出现发情表现。

各种孕激素类药物的参考用量：甲孕酮 150～200 毫克；18-甲基炔诺酮 120～160 毫克；甲地孕酮 150～200 毫克；氯地孕酮 90～120 毫克；氟孕酮 180～240 毫克；孕酮 450～1 000 毫克。

（2）口服法 将孕激素以阴道栓塞法用量的 1/8～1/5，均匀拌入精饲料或水中，给牛连续饲喂 12～14 天，最后 1 次服用的当天，每头牛肌注孕马血清促性腺激素 1 000～1 200 单位。本法以舍饲单喂为好，以免造成个体服药不足或过量。

（3）埋植法 将 18-甲基炔诺酮 20 毫克装入直径为 2 毫米、长 15～18 毫米有微孔的细塑料管或硅胶管中，借助于兽用套管针或埋植器埋入母牛耳背皮下，经 12 天切口取出。埋植时，每头牛皮下注射雌二醇 3～5 毫克，取管时，每头牛肌注孕马血清促性腺激素 1 000 单位。取管后 72 小时和 96 小时各输精 1 次。

(4)*注射孕激素法* 每日将定量药物做皮下或肌内注射，经一定时间后停止给药。本法较适合在实验条件下进行，用药量少，剂量准确，便于分析结果或进行生理学研究。

2. 前列腺素处理法 前列腺素有溶解黄体的作用，可以降低孕酮水平，从而达到发情同期化。投药方式有子宫注入和肌内注射 2 种。子宫注入用药量少，效果明显，但注入操作较困难，特别是对青年母牛难度更大；肌内注射操作简单，但用药量大，一般是子宫注入法的 2 倍。

用前列腺素处理时，只有母牛处于发情周期 5～18 天的功能性黄体才可被前列腺素所溶解，而 5 天之前的新生黄体不能被前列腺素溶解。因此，宜将牛群分两批进行处理，处理前对母牛做直肠检查，结合发情记录和配种记录，将处于发情周期 5～18 天的母牛作为一批，其余的母牛作为另一批，先处理后者。

各种前列腺素参考用量：前列腺素 $F_{2\alpha}$ 子宫注入 3～5 毫克；15-甲基前列腺素 $F_{2\alpha}$ 子宫注入 1～2 毫克；前列腺素 $F_{1\alpha}$ 甲酯子宫注入 2～4 毫克；氯前列烯醇子宫注入 0.2 毫克，肌内注射 0.5 毫克。和孕激素处理一样，在利用前列腺素处理时，配合使用孕马血清促性腺激素可提高同期发情效果和受胎率。

五、人工授精技术

目前，奶牛开展人工授精的普及率几乎达到 100%，而所输入的精液基本上都是冷冻精液。开展人工授精，对提高奶牛的育种进程，充分提高优秀种公牛的配种效能，降低种公牛饲养费用具有重要意义。

奶牛的人工授精技术包括采精，精液品质检查，精液稀释液的配制，精液的稀释、平衡、冷冻、保存、解冻和输精等环节。

（一）采　精

采精是人工授精的第一步骤。采集到优质的、全部的、清洁的精液，并且避免公牛受到不良影响，是对采精的基本要求。

1. 采精舍　采精必须有安静的环境，大型种公牛站一般都有设施完善的采精舍或采精大厅。采精舍一般要求为50～70平方米，采用“人”字形屋顶，墙壁安装宽大的窗户，以保证采精舍内采光良好；舍内要配备采精架或假台牛；为防止闲人围观，采精舍应建在僻静的位置。

2. 操作室　应有2间，一间用于安装假阴道及进行有关器械的消毒，另一间为精液处理室，用于配制稀释液、检查精液品质和精液的稀释、分装及冷冻。如需生产冷冻精液，还要有专门的精液冷冻仪、冻精贮存室和液氮机房等。

3. 采精器械的准备　采精器械包括假阴道及安装、消毒假阴道的一些用品和采精架或假台牛等。

目前，公牛采精普遍采用假阴道法，也可采用电刺激法和按摩法。假阴道法采精的原理是模拟发情母牛阴道内的物理条件，即合适的温度、适当的压力和润滑度，刺激公牛射精，从而采集到公牛的精液。假阴道法采精与其他采精法相比，其优点是：可采集到公牛的全部精液，且精液不易受到污染，对公牛也不会造成损伤。

(1)假阴道部件的选择与要求

①外壳　用硬橡胶制作，内壁与外壁应光滑，无毛刺，无

裂缝。最好两端各有一道凹槽，以便用固定皮圈固定外翻的内胎。外壳的中间有一注水孔。

②内胎　一般用弹性较好的橡胶或乳胶制作，要求耐拉，弹力适当，容易安装。安装前应检查内胎是否有“针眼”和裂缝。

③集精杯　苏式集精杯直接安装在装好内胎的假阴道的一端，一般用双层棕色玻璃制成。集精杯上部有向内凹陷的集精管，集精管与外壁之间形成夹壁，集精杯的下部有注水孔，用于注入35℃的温水。用软木塞或棉球可将此孔堵上，以防温水外溢。每个集精杯有1个玻璃盖。

④气阀　安装在假阴道外壳的注水孔上，用于向内胎与外壳之间的夹壁内充气，调节气压，并可防止夹壁之间注入的水外溢。气阀应能密封，防止漏气，阀门转动应灵活。可用医用血压计上的气阀代替。

⑤固定皮圈　用橡胶制成，用于将内胎固定在外壳上。

⑥保护套　在安装好集精杯后，将保护套安装在外壳上，以防止集精杯在采精或搬动时脱落。

⑦保温套　考虑到冬季不易保持夹壁内的水温，可使用保温材料(如真空棉)制作一个假阴道的外套用以保温。

(2)采精用品的拆卸和清洗　采精用品在使用之后，应立即拆卸，以防弹性材料因“疲劳”而失去弹性，并防止润滑剂附着在内胎表面不易清洗。

内胎可用家用洗涤剂、软毛刷和温水洗涤正反两面，用洗涤剂洗去内胎表面的润滑剂后，再用清水将洗涤剂和污垢冲洗干净。最后用去离子水或蒸馏水冲洗3～5遍，用夹子对称夹住内胎一端，使光滑面向内，放在橱柜内晾干，直到下次用时取出。不得在阳光下暴晒或在干燥箱中加热干燥，以防其受热后发黏，影响其弹性和使用寿命。一般不宜将内胎平放在盒内或袋内。

对外壳的清洗没有严格要求，但在清洗后，应放入橱柜内晾干，避免落上灰尘。

对集精杯的清洗有严格要求，先用试管刷、洗涤剂、清水将集精杯和集精管的内、外表面清洗干净，再用蒸馏水或去离子水冲洗 3～5 遍，最后放入干燥箱内用 120℃温度干燥 30 分钟，也可放在高压锅内灭菌。

（3）用于安装、消毒假阴道的用品及其用法　见表 3-1。

表 3-1　用于安装、消毒假阴道的用品及其用法

用　品	用途与用法
75%酒精棉球	用于消毒内胎内壁和集精杯、集精管
95%酒精棉球	用于二次擦拭，提高酒精的蒸发速度，防止酒精残留
灭菌的 11%～12%蔗糖溶液或 6%葡萄糖溶液	用于冲洗内胎和集精杯内管
医用灭菌凡士林	最好将其分装在灭菌的塑料管或塑料袋内，1 次用 1 管（袋）
大瓷盘 2 个	一个用于放置安装假阴道的用品，安装时，在另一个瓷盘上操作
长柄钳	用于夹取酒精棉球，进行内胎的消毒
镊子（12 厘米）	用于夹取酒精棉球消毒集精杯内管和假阴道内胎的翻边
50℃酒精温度计	用于测量水温和假阴道内的温度
1000 毫升烧杯 2 个	用于盛冷水和调节水温
玻璃或塑料漏斗	用于向集精杯夹壁间或内胎与外壳的夹壁间注入温水或热水

(4)假阴道的安装程序　首先应确认部件是否齐全、完整、无裂缝及“针眼”，其次将经过干燥消毒的各部件放在经消毒的大瓷盘中。将内胎的光滑面向里，放入外壳内，使两端露出部分长度相当。将一端折叠后放在外壳内，另一端内胎的一部分翻卷在外壳上，调整周正后，双手向上推卷，使内胎卷起，脱离外壳，并使卷起的长度与原来露出的长度相当或略长，再将内胎套在外壳上，并调整周正。另一端用同样方法，将其翻卷在外壳上。

在调整内胎时应注意，尽量避免用指甲撕扯，以防造成撕裂或“针眼”。应反复向上卷起，再向下卷贴；安装另一端时，应防止内胎在外壳内扭转；适当用力使内胎在拉伸状态下安装在外壳上，更容易达到要求。

安装气阀并充气，观察内胎是否安装周正。安装周正的内胎充气后两端均呈内陷的“Y”字形。如果符合要求，可将气放掉。用固定皮圈将内胎固定在外壳上，并用长柄钳夹取75%的酒精棉球，从内向外消毒内胎内壁，然后再消毒集精杯和集精管，最后消毒外壳上的内胎翻边。用95%的酒精棉球，以同样方法进行第二次擦拭，以促进酒精迅速挥发（此步骤也可不做）。

在1 000毫升大烧杯中，将水温调至50℃（夏）或55℃（冬），用漏斗将温水注入内胎与外壳的夹壁内，注满后，来回摇动几次，将水再倒出一半。在集精杯夹壁内注入35℃的温水，并用软木塞将注水孔塞紧。用精液稀释液基础液将内胎和集精杯冲洗1遍。用玻璃棒蘸取少量凡士林，均匀涂布于假阴道外口至深1/2处。充气并调至压力合适（以玻璃棒能够插入但需要一定力量为宜）。用酒精温度计测量假阴道内的温度（3分钟）应为38℃～41℃。如果温度不合适，应重新注水调温。最后，将假阴道用毛巾包好备用。

4. 采精操作 将发情旺盛的母牛（台牛）牵入采精架内，将其颈部固定在采精架上，也可调教公牛爬跨阉公牛、小公牛或假台牛。母牛的外阴和后躯用0.3%高锰酸钾溶液冲洗并擦干。将种公牛牵到采精舍内，采精员手持假阴道蹲于采精架的右后方，准备采精。当公牛爬跨台牛时，采精员迅速将假阴道靠在台牛的臀部，并使假阴道的方向与公牛阴茎伸出的方向呈一条直线，用左手掌将其阴茎导向与阴茎方向一致的假阴道内。最后公牛向前一冲，说明射精完毕，采精员应随公牛跳下的动作，让阴茎从假阴道内自然缩回（避免将假阴道从阴茎上拔下）。

将假阴道垂直、放气，取下集精杯，并盖上盖。公牛第一次射精后，可在10～15分钟后第二次采精，第二次采精时应更换假阴道。2次采精后，应将精液立即移入放在33℃水浴的刻度试管中。

每周每头公牛可采精2～3次。

（二）精液品质检查

可以进行精液品质检查是人工授精的优越性之一，经过品质检查的精液可以确保一次输精的有效精子数，并通过检查确定精液的最终稀释倍数。还可检验精液在各种处理后的变化，判断精液是否能够用于输精或是否有必要进行下一步的处理。

精液品质检查的项目很多，大体可归为2类：一类是感官指标，即通过检查精液的色泽、气味、射精量、云雾状、pH值等初步判断精液的品质；另一类是微观指标，主要测定精液的密度、活力和畸形率等。

1. 直观检查

(1)射精量　奶牛公牛的射精量为 4～10 毫升。如果精液量过少，可能是采精方法有问题或采精失败，采精失败时集精杯中可能只有少量的清亮液体；如果采精量明显增多，则可能是因为混入尿液、副性腺发炎或假阴道漏水等问题。一般通过集精杯上的刻度或精液移入洁净的刻度试管中以确定实际精液量。射精量是衡量公牛生精能力的重要指标之一，每次采精都应进行准确的测量和记录，并用 3 次以上正常射精的平均精液量作为这头公牛的射精量。

(2)色泽　正常的精液应为乳白色或乳黄色，色泽清黄的可能混有尿液，呈绿色的可能混有脓液，呈红色的可能混有血液，均为不合格精液。精液的色泽是采精记录的重要内容之一，能够进行下一步处理的精液色泽应正常。

(3)气味　正常精液没有特殊气味，或略带公牛特有的膻味。有臊味、臭味的精液说明精液中混有尿液或脓液。具有正常气味的精液才能进行下一步处理。

(4)云雾状　是指密度高的精液中的精子在适宜的温度下，剧烈运动形成精液翻卷的现象。在 33℃～35℃ 的水浴中，合格的牛精液应有明显的云雾状，说明精子的密度和活力都较好。可根据云雾状的强度确定精液的云雾状等级，但必须使精液处于适宜的温度下，并在精液采集后立即观察。全部精液都在翻卷，并能明显地观察到，可记录为“＋＋＋”；精液有翻卷现象，但范围较小，速度较慢，可记录为“＋＋”；需通过仔细观察才能看到精液缓慢地翻卷，可记录为“＋”；肉眼无法观察到精液的运动，可记录为“－”。

2. 精子活力检查　活力是衡量精液受精能力的一个十分重要的微观指标，它是指在所观察到的视野里，呈直线前进运动的精子数占总精子数的百分比。这是精液采集后以及在处理过程中经常进行的检查项目。检查精子活力时，观察精液用的载玻片应保持 36℃～38℃的温度，如果是新采集的精液，应在采集后尽快检查活力。观察时间不宜太长，最好在 2 分钟以内。刚采集到的精液，应进行 4～6 倍的稀释。判断精液的活力需由经过培训、并有一定经验的技术人员进行，可将样品放大 100～160 倍观察，也可放大 400～640 倍观察。在观察时应上下调整焦距，观察不同高度层面上精子的情况，从而保证准确判断。具体操作步骤如下。

首先，将显微镜的载物台温度调至 36℃～38℃，并使载玻片和盖玻片与载物台等温。

其次，用微量移液器取 5 微升精液注入预温至 38℃的试管或红细胞凝集板的凹槽中，再取 25 微升 30℃的低温保存基础液或 0.9％氯化钠溶液注入试管中，吸吐若干次后，吸取 10 微升滴在预温的载玻片中间，盖上盖玻片，注意在操作时应避免形成气泡，以免影响观察。

最后，在 100～400 倍显微镜下判断精子活力。活力判定标准为十级制，精子 100％呈直线前进运动的为 1，90％呈直线前进运动的为 0.9，以此类推。通常进行冷冻精液制作的精液，鲜精活力不能低于 0.7。

3. 精液密度测定　精液密度是单位体积精液中所含的精子数，牛的新鲜精液每毫升精子数为 10 亿个左右。由于牛的精液精子密度相对较高，因而无法用估测的方法估计。最常用的方法是红细胞计数板测定。具体方法是：取 5 微升原精液加入试管或红细胞计数板的凹槽中，用移液管或微量移液器吸取 3％氯化钠溶液 1 毫升（1 000 微升），混合均匀。也可用微量移液器吸取 25 微升原精液于载玻片上或红细胞计数板的凹槽内，用红细胞吸管吸至 0.5 刻度处，再吸取 3%氯化钠溶液至 101 刻度处，用食指和拇指按住吸管两端，摇动若干次，弃去数滴。这 2 种稀释方法，均可将精液稀释 200 倍(前一种方法稀释后的实际体积为原体积的 201 倍，可近似于 200 倍)。将干净的计数板放在显微镜载物台上，将干净的盖玻片放在 2 个计数室上面。取少量稀释好的精液从盖玻片与计数板的接缝处注入，依靠毛细作用将精液吸入计数室中。将计数板固定在显微镜的推进器内，放大 100 倍找到计数室，再放大至 400 倍找到计数室的第一个中方格。计数左上角至右下角 5 个中方格的总精子数，为了避免重复计数，应以精子的头部为准，依数上不数下、数左不数右的原则计数头部在格线上的精子。其计算公式如下。

精子密度＝5 个中方格总精子数×5×10×1 000×稀释倍数

计数室共计 25 个中方格，每个中方格内有 16 个小方格，共计 400 个小方格。计数室的面积为 1 平方毫米，高度为 0.1 毫米。因此，其体积为 0.1 立方毫米。5 个中方格总面积为计数室的 1/5，故应乘以 5，以计算稀释后精液 0.1 立方毫米体积所含的精子数。如果乘以 10 则可计算出 1 立方毫米(即 1 微升)中所含的精子数。乘以 1 000 则得出每毫升所含的精子数，乘以稀释倍数则得出原精液每毫升所含的精子数，即原精液的精子密度。如 5 个中方格的总精子数是 95 个，则精子密度＝95×5×10×1 000×200＝9.5(亿个/毫升)。

一般情况下所测定的精子密度应在正常范围内，如果测定结果偏离正常范围或偏离该种公牛以往测定的结果，则应认真查找原因。如果未找到特殊原因，则应再进行 1 次稀释和测定。

用红细胞计数板进行密度测定虽然准确性高，但测定速度较慢。所以有条件的种公牛站一般都采用分光光度计或比色计进行测定，这种方法可迅速测定出精子的密度。但都必须将已知精子密度的精液稀释成不同的密度，然后用比色计测出透光值，制作出一张比色计读数与实际密度的对照表或曲线图。在测定精子密度时，当将精液稀释成固定的倍数后，根据比色计上的读数，应可立即得到原精液的密度值。在制作对照表或曲线图时，必须先测定出精子的密度，仍然需要借助于红细胞计数板计数法。因此，红细胞计数板计数法测定精子密度是奶牛场实验室操作人员必须掌握的技术。

4. 精子畸形率测定 精子的形态正常与否对受精率有着密切关系。如果精液中含有大量畸形精子和顶体异常的精子，其受精能力就会降低。精子的畸形率受遗传、衰老、体内外环境等因素的影响。一般情况下不必经常测定精子的畸形率，但对一头刚刚开始利用的种公牛，或长期未使用的种公牛，或受气候、疾病等因素影响的种公牛，第一次采精后应进行全面的检查，包括畸形率的测定。合格的牛精液畸形率不应超过 18%，有条件或有必要的情况下还应进行顶体异常率测定。具体操作步骤是：取 0.5 克龙胆紫用 20 毫升酒精助溶，加水至 100 毫升作为染色液，过滤至试剂瓶中备用。配制好的染色液长期存放后会产生少量沉淀，使用前应再用定性滤纸过滤。用纯蓝墨水或红墨水，染色效果也很好。用微量移液器吸取 5 微升原精液至试管或红细胞计数板的凹槽中，加入 100 微升 0.9%氯化钠溶液混合数次。取一张洁净的载玻片，左手食指和拇指向上捏住载玻片的两端，使载玻片处于水平状态，取 10 微升稀释后的精液滴至载玻片右侧。右手拿一盖玻片，使其与左手拿的载玻片呈向右的45°角，并使其接触面在精液滴的左侧。将盖玻片向右拉，至精液刚好进入载玻片与盖玻片形成的角缝中，然后平稳地向左推。抹片后，使其自然风干。在抹片上滴数滴95%的酒精，固定4分钟，去除多余酒精。将载玻片放在用玻璃棒制成的片架上，滴上染色液，3～5分钟后，用洗瓶或自来水轻轻冲去染色剂，甩去水分。将载玻片放在400～640倍的显微镜下进行观察，观察200～500个精子，记录视野的总精子数和畸形精子数。

精子畸形率的计算公式为：

畸形率＝（畸形精子数/总精子数）×100%

畸形精子的类型分为以下3类：①头部畸形，即包括头部膨大或小于正常、双头和头部不完整的精子；②尾部畸形，包括尾部折回、尾部卷曲、尾部套索、双尾和断尾的精子；③不成熟精子，即尾部近端（即靠近头部处）有原生质小滴的精子。

（三）精液稀释液的配制

目前奶牛精液的保存方法几乎全部采用冷冻保存，因此这里只介绍冷冻精液所需稀释液的配制方法。

1. 主要用品　250毫升三角瓶、250毫升或500毫升烧杯、双蒸馏水、100毫升量筒、感量为0.1克的天平、玻璃漏斗、电炉、石棉网、玻璃棒、定性滤纸、消毒纸巾、硫酸纸、牛皮纸、橡皮筋、一次性注射器（容量分别为10毫升、5毫升和1毫升）、鸡蛋、75%酒精棉球、葡萄糖、柠檬酸钠、青霉素、链霉素。

2. 操作方法

（1）配制前的准备　将所有玻璃用品用洗涤剂清洗，并用清水冲净，再用稀盐酸浸泡后，用清水冲洗，最后用双蒸馏水冲洗 4 遍，控干水分，用纸包好，放入 120℃干燥箱中干燥 1 小时，放凉备用。

(2)基础液的配制　将 2 张硫酸纸放在天平的托盘上，校准天平；称取所需药品，并放入大烧杯中；用量筒量取双蒸馏水 100 毫升，加入烧杯中，用磁力搅拌器或玻璃棒搅拌使药品溶解，也可放在电炉上适当加热以加速其溶解；将溶液用定性滤纸过滤至三角瓶中；在三角瓶上加牛皮纸盖并用橡皮筋固定，放在覆石棉网的电炉上加热至沸腾，然后迅速将其取下，放凉，即配制成基础液。基础液如不马上使用可放入 2℃～5℃冰箱中备用，但保存时间不得超过 12 小时。

(3)低温保存液Ⅰ液和Ⅱ液的配制　取 1 个新鲜鸡蛋用 75%的酒精棉球消毒，待酒精完全挥发后，将鸡蛋打开，分离蛋清、蛋黄和系带。将蛋黄盛于鸡蛋小头的半个蛋壳内，并将蛋黄倒在用 4 层对折(8 层)的纸巾上，小心地使蛋黄在纸巾上滚动，使其表面的蛋清被纸巾吸附。

先用针头将卵黄膜挑开一个小口，再用去掉针头的 10 毫升一次性注射器从小口慢慢吸取 10 毫升卵黄，尽量避免吸入气泡和卵黄膜。再用同样的方法吸取另一个鸡蛋的卵黄。

取 80 毫升放凉的基础液，加入三角瓶中，然后将卵黄注入并摇匀。用 1 毫升一次性注射器吸取基础液 1 毫升，注入 80 万单位青霉素和 100 万单位链霉素的瓶中，使其彻底溶解。分别吸取 0.1～0.12 毫升青霉素和 0.1 毫升链霉素，将其注入三角瓶中并摇匀(也可称取 0.1 克的青霉素和 0.1 克的链霉素粉剂直接加入三角瓶中)，制成低温保存Ⅰ液。

用一未使用过的量筒量取Ⅰ液 47 毫升，加入另一未使用过的三角瓶中，用注射器吸取 3 毫升消毒后的甘油，注入三角瓶中，摇匀，制成Ⅱ液。

牛冷冻精液的稀释液配方很多（表 3-2），各地可根据试验结果，选择适合本场（站）的配方。

表 3-2 牛冷冻精液稀释液配方

	稀释液名称	柠檬酸钠液	乳-柠液	葡-柠液	糖类稀释液
基础液	蒸馏水（毫升）	100	100	100	100
	二水柠檬酸钠（克）	2.9	2.75	1.4	—
	乳糖（克）	—	2.25	—	12
	葡萄糖（克）	—	—	—	—
Ⅰ液	基础液（毫升）	80	80	80	80
	卵黄（毫升）	20	20	20	20
	青霉素（单位）	10万	10万	10万	10万
Ⅱ液	Ⅰ液（毫升）	46.5	46.5	46.5	46.5
	甘油（毫升）	3.5	3.5	3.5	3.5

注：用Ⅰ液配制Ⅱ液，剩余部分用于第一次稀释，Ⅱ液则用于第二次稀释

（四）精液的稀释

将烧杯中的水温调至 33℃，将 2 支洁净的刻度试管放入水中，将采到的精液用吸管移至其中一个刻度试管中，将与精液等量的低温保存液移至另一个刻度试管中，使精液和稀释液等温。

5 分钟后进行第一次稀释。稀释前应先计算出最终稀释倍数，再计算首次稀释倍数。一般第二次稀释（最后一次稀释）为 1∶1 稀释，因此第一次稀释后精液的总体积应为最终精液体积的一半。稀释时，先将稀释液用吸管移至放精液的试管中，并用吸管混合若干次。由于测定精液密度可能需要较长时间，如果不能在较短时间内测出，可考虑先对精液进行

1∶0.5～1 的稀释，并进行逐步降温，以防不能及时稀释对精子活力造成的不利影响。

最终稀释倍数的计算公式为：

$$最终稀释倍数=\frac{原精液精子密度\times 原精液精子活力\times 预测活力系数\times 每份冻精体积}{每份冻精解冻后总有效精子数}$$

例：冷冻精液中，解冻后精子活力是鲜精活力的一半(50%)，细管冻精每支体积为 0.25 毫升，总有效精子数为 0.1 亿个。新鲜精液的精子密度为 8 亿个/毫升，活力为 0.8。

$$最终稀释倍数=\frac{8\times 0.8\times 0.5\times 0.25}{0.1}=8$$

即最终稀释后精液的体积为原精液体积的 8 倍。

如果第二次稀释(即最后一次稀释)为 1∶1 稀释，那么第一次稀释应为最终体积的一半。即为原精液体积的 4 倍(或 1∶3)稀释。

将稀释后的精液继续放在 500 毫升的烧杯中，降温至室温后，再放入 2℃～5℃恒温冰箱中。也可将装精液的刻度试管先用纱布包 6～8 层，再用塑料薄膜包 1 层，放入加有碎冰的冰瓶或直接放入 2℃～5℃冰箱中保存。

(五)精液的冷冻保存

精液的冷冻保存是现代奶牛业广泛采用的技术，由于冷冻精液可保存几十年，因此可以最大限度地提高优秀种公牛的配种能力，保证所保存精液的利用率。经过后裔鉴定的种公牛，在其死后的若干年内，仍可利用保存的冷冻精液进行配种，为奶牛的育种创造了很好的条件。冷冻精液的制作步骤如下。

1. 采精 用假阴道法采集精液。

2. 精液品质检查 采集到的精液应立即进行品质检查。可考虑先进行 1∶0.5 的稀释,再进行精液品质评定,待测出结果后再稀释至正常倍数。也可在测定出结果后进行第一次稀释。

3. 精液稀释 按前述方法对精液进行第一次稀释,并将稀释后的精液用 6～8 层纱布包裹好,装于塑料袋中,和Ⅱ液一起放于 2℃～5℃恒温冰箱中降温;或将装精液的试管直接放在 500 毫升水中,和Ⅱ液一起放于 2℃～5℃冰箱内降温。如果冰箱温度不可靠,可用第一种方法包裹后,和Ⅱ液一起放于装有冰块的冰瓶中降温。降温 30～60 分钟后,用Ⅱ液按 1∶1比例进行第二次稀释。

4. 精液的平衡 在 2℃～5℃的温度下进行平衡,时间为 0.5～3 小时,使甘油渗透到精子内部,起到对精子的防冻作用。

5. 冷冻精液的制作

(1)颗粒冻精的制作 将平衡好的精液取样升温,确认精子活力不低于 0.7,保持精液在冷水浴中或有冰块的冰瓶中。将用于滴冻的滴管放在干净的试管中,并使试管与平衡后的精液等温。在冷冻操作中,不使用滴管时就将滴管放于这个试管中。

在液氮槽内加入液氮,将放冷冻板(氟板)的铝盒及冷冻板浸入液氮中,至液氮不再大量蒸发,将冷冻板高度调整到距液氮面 1 厘米处。

用滴管吸取平衡后的精液,分别滴在冷冻板上的凹陷处,直径如黄豆大小,体积约 0.1 毫升,每个凹槽内约滴入 2 滴精液。操作人员应经常训练将 1 毫升液体均匀地滴在 10 个凹槽中，以便在生产中能够使精液规格一致、剂量准确。滴精液的过程应平稳，速度一致。滴满 1 板后，待所有精液颗粒变色后，应给液氮槽加盖，使液氮蒸气熏蒸精液颗粒，必要时可用加热器加热液氮，加速液氮的蒸发。熏蒸 5 分钟后，将冷冻板浸入液氮。然后翻转冷冻板，用预冷过的勺子轻敲冷冻板使颗粒冻精脱离。

注意：①最好先试冻一部分，解冻后确定复苏率正常，再将全部精液进行滴冻。②滴冻中应保持颗粒大小的一致性，形状呈圆形或大半圆形，防止出现气泡，以免颗粒冻精浮于液氮面。③滴冻中液氮面高度不应低于冷冻面 2 厘米。

颗粒冻精每冻一板，即可在放冷冻板的铝盒中收集。也可每冻完一板，先把颗粒冻精放入液氮中，待全部冻完后再集中收集。收集时应使用漏勺和塑料漏斗将颗粒精液装入浸在液氮的纱布袋中，在封住袋口的棉线上做上标记，注明牛号、品种和生产日期。迅速将装袋后的冻精放入液氮贮存罐内，将棉线上的标记留在提漏外，并在提漏的手柄处做上标记。

(2)细管冻精的制作　细管冻精在冷冻上与颗粒冻精不同。细管冻精制作量较大时，可使用细管冻精灌装机灌装，再进行平衡，然后冷冻。冷冻时，先将细管表面的水分擦干，摊放在冷冻架上，单层摆放，之后放入广口液氮罐内，在离液氮面 10 厘米的高度冷冻 7～10 分钟，然后浸入液氮，收集分装。如果在冷冻槽中冷冻，可将细管排放在细铜网上，然后放在离液氮面 3～4 厘米的高处，冷冻 7～10 分钟，再浸入液氮中。

(3)冷冻精液的保存与运输　冷冻精液保存的关键是确保液氮罐中的液氮量，并防止冷冻精液受到污染。使用的液氮罐应有足够的容量，大型配种站的液氮罐容量应在 30～50 升，配种站的下属分站可采用容量为 10 升的。必要时可配备液氮生产设备。从外地购买冷冻精液或到各养殖场配种可采用 3 升或 10 升的液氮罐。

在液氮罐运输中,应避免液氮罐受到外力撞击损坏,必要时可在运输车上放一个专用的液氮罐固定架。

液氮罐口应保持与外界相通的孔隙,不能将液氮罐口密封。

液氮罐应放在通风凉爽的室内,避免放在封闭性强的空间内,以避免液氮蒸发,带走室内的空气,造成进入室内的人员窒息。在存放和运输中应避免液氮罐在阳光下暴晒。

在提漏上口露出液氮前,应及时向罐内补充液氮。

在倒出液氮时应小心操作,避免造成液氮飞溅和液氮罐翻倒等情况,必要时可穿戴帆布制作的工作服和手套。

(4)冷冻精液的解冻

①颗粒冻精的解冻　解冻液一般用 2.9%柠檬酸钠液,也可采用维生素 B_{12} 注射液作为解冻液。

将液氮倒入泡沫塑料盒或广口保温瓶内,将液氮罐的提漏提至罐口下 2～5 厘米处,根据标记,将盛装颗粒冻精的纱布袋或塑料管取出,迅速放入泡沫塑料盒内的液氮中。将纱布袋口撑开,根据需要的数量取颗粒冻精,并将其余的精液及时放回液氮罐,尽量减少精液在液氮罐外的停留时间。

颗粒冻精的解冻有以下 2 种方法。

一是湿解冻。先将 1～1.5 毫升解冻液注入无菌平底试管中,放入 38℃～40℃水浴锅中预温 30 秒钟左右,用在液氮中预冷过的镊子夹取 1～2 粒颗粒冻精,投入试管中。轻轻摇动,至溶解一半时取出。取样检查活力后,如达到使用要求,即可用于输精。

二是干解冻。先将无菌平底试管放入 38℃～40℃的水浴中预温，然后将颗粒冻精投入试管中，至溶解一半时，再注入解冻液。需注意的是，解冻液的温度不宜过高。

奶牛颗粒冻精多采用湿解冻法。

精液解冻后温度不宜太高，一般在5℃～8℃较好，所以冷冻精液解冻后，不能在水浴中继续加温，而是在解冻一半时就要脱离水浴。

不管是细管冻精还是颗粒冻精，解冻后的保存时间都不宜过长，最好在3小时内用完，最多不超过12小时。如果解冻后，精液不能立即使用，应保证保存条件。方法是：当解冻至一半时，将试管放入5℃的冷水中，然后放入5℃的冰箱中保存，使用时直接在冰箱中取。

②细管冻精的解冻　将水浴锅或保温杯内的水温调至40℃，将液氮罐的提漏提至罐口下便于取出细管的高度，确认细管的品种、牛号后，用镊子夹取细管封口端，迅速将细管放入保温杯中，至整根细管变色后，取出用手搓至全部融化。一时不能用完的细管，可将解冻变色后的细管投入5℃的水中，置于5℃的冰箱中保存。取样检查活力时，可将解冻后的细管轻弹几下并剪开封口端，将精液倒出少量于载玻片上，于显微镜下检查活力。

（六）输精操作

奶牛的输精操作是人工授精的最后一个步骤，通常采用直肠把握法。适时、准确地将合格的精液输送到母牛生殖道的适当部位，是保证人工授精受胎率的基本要求。

1. 输精前的准备

（1）母牛的准备　将发情母牛保定在保定架内或在牛床的颈夹内。将尾部拉向一侧，用温肥皂水和清水将母牛的外阴及其周围洗净、擦干。

(2)输精器械的准备　输精所使用的输精器以及解冻用的试管和其他接触精液或稀释液的用品均应用清水和蒸馏水冲洗,并进行干燥。必要时,可进行高压灭菌。

(3)精液的准备　颗粒冻精在试管中解冻后,用接有一次性注射器的输精器或带胶头的输精器将解冻后的精液吸入输精器内;细管冻精解冻后,可将封口端用专用剪刀剪去1厘米左右,剪口向上装入细管输精枪内。再取出外套管,一手固定套管,一手将套管外的塑料膜向下拉,使套管的末端从塑料膜中透出,然后将外套管套在输精器的管杆上并旋紧。

(4)操作人员的准备　输精操作人员应事先将指甲剪短、锉光,并清洗手臂。寒冷季节应穿上专用的保暖工作服。一手戴上一次性长臂手套(一般为左手),然后应蘸取少量液体石蜡或清水作为润滑剂。

2. 输精方法　左手轻轻抚摸母牛肛门,使润滑剂湿润肛门及周围。左手呈楔形,手心向上左右旋转缓缓插入肛门内。如有较干燥的粪便向外涌出,则轻推粪便,不让粪便排出,当排便的力量较大时,可将手退出,这样可将粪便一次排净。如果粪便较稀,一般可直接操作。操作时如果母牛一直用力努责,或直肠充气如坛状,则要停止操作,对母牛进行安抚,转移其注意力或掐其腰荐部以便消除努责继续操作。

左手插入直肠后应尽可能向前伸,然后在骨盆腔内向下方和左右方按压,寻找子宫颈。子宫颈为一较硬的棒状物,粗细可盈握或略粗。后端为子宫颈阴道部,感觉较粗。将子宫颈后端握在手中,用力向前推送子宫颈,使阴道壁拉直,并使子宫颈保持前后水平状态。

在直肠内的左手向下压分开阴门,右手持输精枪,枪头呈向上的45°角插入阴道内，应注意避开尿道口。然后呈水平方向插入一定深度。细管输精枪输精时，不要将套管外的塑料膜取下，应连同塑料膜一起插入阴门内，约插入10厘米深时，助手拉住外塑料膜，操作人员右手固定输精枪，互相配合拉出塑料膜。

右手将输精枪向前推送，当左手可感觉到输精枪枪头时，左手小拇指协助右手将输精枪枪头导入子宫颈口，右手则不断上下调整方向，使输精枪通过子宫颈的皱襞。如果输精枪在子宫颈管内，则左手可摸到输精器宫颈外的部分，但摸不到输精枪的前端。如果要将输精枪插入更深处，固定子宫颈的左手应向前移，以配合输精枪的插入。一般输精枪通过3个皱襞时即可输精。不少操作者习惯于将输精枪一直通过子宫颈口进入子宫体内，这时已感觉不到通过子宫颈皱襞的阻力，如果继续向前插入，有可能会损伤子宫黏膜。

轻轻挤压颗粒冻精输精器的胶头部分，并保持压扁状态，将精液推出，然后将输精器缓缓抽出；细管输精枪输精时，将通针（活塞）缓缓前推，再缓慢抽出输精枪同时应将套管外的塑料膜一同抽出。此时，输精操作即告完成。

六、妊娠检查

（一）外部观察法

母牛输精后不再出现发情表现，一般可判断为母牛已经妊娠。妊娠母牛表现食欲增加，被毛光亮，性情温驯，行动谨慎。妊娠5个月后腹围明显增大，向右侧突出，乳房逐渐开始发育。

(二)阴道检查法

当用开膣器对妊娠母牛进行检查时,向阴道内插入开膣器时感到有阻力;打开开膣器时可看到黏膜苍白、干燥,子宫颈口关闭,向一侧倾斜。妊娠1.5～5个月时,子宫颈口的黏液颜色变黄、浓稠;6个月后,黏液变稀薄、透明,有些排出体外在阴门下方结成痂块。子宫颈口位置前移,阴道变得深长。

(三)直肠检查法

母牛配种后19～22天子宫变化不明显,如果卵巢上有发育良好的黄体,可判断已妊娠。

妊娠30天后,两侧子宫大小开始不一。孕角略为变粗,质地松软,有波动感。孕角的子宫壁变薄,空角较坚实,有弹性。用手握住孕角,轻轻滑动时可感到有胎囊,用拇指与食指捏起子宫角,然后放松,可感到子宫腔内有膜滑过。胎囊在40天时才有球形感,直径达3.5～4厘米。

妊娠60天后,孕角大小为空角的2倍左右,波动感明显,角间沟变得宽平,子宫向腹腔下垂,但依然能摸到整个子宫。

妊娠90天,孕角的直径达到10～12厘米,波动感极明显;空角也增大1倍左右,角间沟消失,子宫开始沉向腹腔,初产牛下沉要晚一些。子宫颈前移,有时能摸到胎儿。孕侧的子宫动脉根部出现微弱的妊娠脉搏。

妊娠120天,子宫全部沉入腹腔,子宫颈越过耻骨前缘,一般只能摸到两侧的子宫角。子叶明显,可摸到胎儿,孕侧子宫动脉的妊娠脉搏已向下延伸,可明显感到脉动。

妊娠150天,子宫膨大,前移沉入腹腔区,子叶增长到胡桃核至鸡蛋大小,子宫动脉增粗,达手指粗细。空角子宫动脉也增粗，出现妊娠脉搏。子宫动脉沿荐骨前行，在荐骨与腰椎交界的岬部前方，可摸到主动脉的最后一个分支，称髂内动脉。在左、右髂内动脉的根部，顺子宫阔韧带下行，可摸到子宫动脉。它虽呈游离状，但仔细触摸不难找到。

七、分　娩

(一)分娩预兆

1. 骨盆　分娩前数天，骨盆部韧带变得松弛，荐骨后端松动，握住尾根上下活动时，会明显感到尾根与荐骨容易上下移动。骨盆韧带松弛，尾根部出现肌肉窝，呈塌陷状。

2. 外阴部　分娩前数天，阴唇逐渐肿胀，阴唇上的皮肤皱纹平展，颜色微红，质地变软。阴道黏膜潮红，黏液由稠变稀，子宫塞(栓)在临产前 0.5～1 小时随黏液排出，吊在后面。在临产前，尾巴频频高抬。

3. 乳房　临产前 4～5 天可挤出少量清亮胶样液体，产前 2～3 天可挤出初乳。乳头变粗、基部红肿，有滴奶现象。

4. 体温　在妊娠 8～9 个月时，体温上升至 39℃，但临产前可下降 0.4℃～0.8℃，于产房中每日测温可以判断分娩时间。

5. 行为　临产前母牛食欲下降，离群寻觅僻静场所，并且频频回头顾腹，有不断起卧的动作。初产牛则更显得不安。分娩预兆与临产间隔的长短因个体而异，必须随时观察。

(二)助　产

助产是指在自然分娩出现某种困难时人工帮助产出胎儿

的技术。要掌握助产技术，必须对分娩过程有全面的了解。

临近分娩时，可发现产道、子宫颈、阴道、尿生殖前庭和阴门都变得十分松软。

子宫肌在松弛素和雌激素的作用下强力收缩，以阵缩的方式将胎儿推向子宫颈口，强行扩展子宫颈，直至与阴道的界限完全消失，胎儿顺势分娩到母体外。同时，骨盆腔在催产素和雌激素的作用下，使连接荐骨和坐骨的荐坐韧带变得松弛，以便胎儿挤出产道。奶牛骨盆入口处为竖的椭圆形，倾斜度较小，骨盆底下凹，荐骨向腔内突出，侧壁的坐骨上棘高且向内倾斜，荐坐韧带较窄，坐骨隆起较大，使骨盆轴呈“S”状浅弧线。奶牛的这种骨盆结构不利于胎儿通过，因此只有在子宫肌阵缩有力、盆腔坐骨端较宽时，才能自然顺利产出胎儿。

要掌握助产方法，达到顺利分娩，必须对胎儿产前和临产时在骨盆腔内的情况有科学的了解。

1. 胎儿在母体内的位置

(1)胎向　是指胎儿的纵轴同母体纵轴的关系。通常有3种胎向：一是纵向，指胎儿纵轴与母体纵轴平行；二是竖向，指胎儿纵轴与母体纵轴竖向垂直；三是横向，指胎儿纵轴与母体纵轴横向垂直。三者中只有第一种是正常胎向。

(2)胎位　是指胎儿背部与母体背部的关系。胎位也有3种：一是上位，即胎儿的背部朝向母体的背部，胎儿卧伏在子宫内；二是下位，即胎儿的背部朝向母体的下腹部，胎儿仰卧在子宫内；三是侧位，即胎儿背部朝向母体的左侧或右侧腹壁。三者只有第一种为正常胎位。

(3)前置　是指胎儿最先进入产道的部位。头和前肢最先进入产道的称头前置；后肢和臀部最先进入产道的称臀前置。这两者属正常前置。其他胎儿姿势都属异常，如侧前置等。

(4)胎势　正常分娩时，应该是纵向、上位、头前置或臀前置。头前置为正生，此时两前肢和头伸展，头部的口鼻端和两前蹄先进入产道。臀前置为倒生，后肢伸展，两后蹄先进入产道。不符合以上2种(即使是部分或局部)胎势的都属异常，如一条腿未伸展，或头侧扭等，必须予以校正后，才可任其自然生产或继续助产。

2. 分娩过程　分为开口期、胎儿产出期和胎衣排出期。三期全部完成才算分娩结束，任何过程完成不全时都会给生产带来危害。

(1)开口期　是指从子宫开始间歇性收缩，至子宫颈口充分开张的时期。这一期的特点是只有阵缩(子宫肌的自发收缩)，并不出现努责。此时，初产母牛通常表现不安，不进食，时起时伏，来回走动，时而弓背抬尾，做排尿姿势。经产牛一般表现比较安静，有的甚至看不出明显征兆。开口期约为6(1～12)小时。

(2)胎儿产出期　从子宫颈完全开张至腹肌收缩，努责出现，推动胎儿通过子宫颈。在这一过程中，母牛表现烦躁，腹痛，呼吸和脉搏加快；努责出现后母牛卧地，有灰白色或浅黄色的羊膜囊露出阴门；接着羊膜囊破裂，羊水同胎儿一起排出。有的母牛分娩时羊膜囊先行破裂，羊水流出，再产出胎儿。尿囊有先于羊膜囊破裂并排出的，也有在羊膜囊破裂排出后再排出破裂的。胎儿排出期为0.5～4小时。

(3)胎衣排出期　是指从胎儿产出至胎衣完全排尽为止的时间。胎儿产出后，母牛安静下来，稍事休息之后，子宫又开始收缩，伴有轻度努责，使胎儿胎盘同母体胎盘脱离，最后把全部胎盘(包括胎儿胎盘)、脐带和残留的胎水一起排出体外。奶牛的胎衣排出期为2～8小时，如果10小时后仍未排出或排尽，应按胎衣不下进行治疗。

3. 助产方式 一般情况下，不要干预母牛分娩。助产人员只需监视分娩过程，在犊牛产下后，对犊牛进行护理。未发现母牛呈难产征兆时，不要在母牛面前过多走动，也不要采取任何助产措施。但若发现到达预产期的母牛出现强烈努责，但半小时以上不见犊牛产出；或者胎水已排出，却不见犊牛肢蹄伸出；或者虽有部分肢蹄或头嘴露出，却不继续产出，则可定为难产，需及时进行助产。

发生难产的原因，大多是由于胎儿的胎位不正或母牛产道狭窄而造成，此外胎儿头部过大或母牛比较衰弱也可引起难产。

发现难产后，应立即进行胎位检查，对胎位不正的进行扶正操作。具体操作方法如下。

对于前置上位纵向的胎儿，可能有一前肢蜷曲，如肩关节蜷曲或肘、腕关节蜷曲；也可能双前肢蜷曲，或头部下弯或侧弯。此时，应在母牛停止努责的时候用手将胎儿推回腹腔，将前肢顺直或将胎儿头部扭正。当助产师单手无力顺正时，可用助产绳套住胎儿下颌，并推挡胎儿颈胸部，由助手拉直。扶正后随母牛努责之势，将胎儿顺势拉出。

对于后置上位纵向的胎儿，可能是一侧或两侧后肢未伸直，跗关节蜷曲或者髋关节蜷曲。此种情况当跗关节蜷曲时，助产师将手伸入产道内，握住胎儿尾部和大腿部向前推送，再握住跗关节下部和胫骨部上端，向上并向后拉向产道，接着手握蹄端向上并向后拉回，伸直后再顺势随母牛努责将胎儿拉出。

对于双胎难产情况，应先拉住距产道口近的一头，推回距产道口远的一头，先拉出前一头，再确定后一头的胎位，继续助产。

在胎儿过大或产道过窄时，要在套好助产绳时，切开产道狭窄部，胎儿产出后，立即缝合。助产时牵引绳不能系死扣，用单滑结活扣为好；或者用专用的产科绳。套绳时主要拴在胎儿前肢的球节上，倒生时拴在两后肢跖部上方。在头部套绳时，将助产绳自两耳后，绕向两侧颊部，在胎儿口中将结扣固定。

牵引要点：助产时必须在助产师的指挥下进行，此时要用手护住阴门背侧口，防止撕裂；牵引要与母牛的阵缩和努责结合，用力要均匀，不可猛拉；牵引方向应朝向会阴方向，也就是自产道呈弧线下拉，因为牛的产道是弧形的；牵引时各条助产绳应交替用力，不可同时用力，使胎儿扭转身体而被拉出；若已发生胎水流失，应向产道注入液体石蜡或肥皂水，以润滑产道。

助产器械和常用药物：母牛产前要事先对产房进行彻底清扫、消毒、铺上新垫草。备好药品和用具，如新洁尔灭、来苏儿、酒精、碘酊、脸盆、毛巾、绷带、药棉、镊子、剪刀、产科绳、产科手套、肥皂等，并准备好手术刀和其他外科工具、缰绳以及常用的保定设施。

第四章　奶牛饲料与饲养管理标准化

一、奶牛饲料的分类及营养特点

（一）奶牛饲料的分类

奶牛饲料的种类繁多，从来源方面可分为植物性饲料、动物性饲料、矿物质饲料等天然饲料以及人工合成的饲料；从形态方面可分为固体饲料和液体饲料；从所提供的养分种类和数量方面，又可分为粗饲料和精饲料等。以上这些经验性的分类方法，不能适应现代化畜牧业和饲料工业的要求。20 世纪 80 年代初，在张子仪研究员的主持下，将我国传统饲料分类法与国际饲料分类原则相结合，提出了我国的饲料分类方法。具体方法为：首先根据国际饲料分类原则将饲料分为粗饲料、青绿饲料、青贮饲料、能量饲料、蛋白质补充料、矿物质饲料、维生素饲料和饲料添加剂等 8 类，然后结合我国传统分类习惯分为青绿植物类、树叶类、青贮饲料类、块根类、块茎类、瓜果类、青干草类、农副产品类、谷实类、糠麸类、豆类、饼粕类、糟渣类、草籽树实类、动物性饲料类、矿物质饲料类、维生素饲料类、添加剂及其他等 16 亚类。用户既可以根据国际饲料分类原则判断饲料性质，又可以根据传统习惯，从亚类中检索出饲料资源出处，这是对国际饲料分类系统的重要补充。

(二)奶牛饲料的营养特点

1. 能量饲料 根据国际饲料分类原则,能量饲料是指在绝干物质中,粗纤维含量低于18%,同时粗蛋白质含量低于20%的饲料。这类饲料主要有谷实类、糠麸类、草籽树实类、淀粉质的块根类和块茎类、瓜果类以及油脂类饲料。如玉米、大麦、小麦、高粱、荞麦、米糠、小麦麸、玉米种皮、红薯干、马铃薯干、豆油、牛油等。

(1)营养特点

第一,无氮浸出物含量为59.5%~80%,其中糠麸类含30.5%~60.2%,消化率高。

第二,粗蛋白质含量低,为3.7%~14.2%,蛋白质品质差,赖氨酸、蛋氨酸和色氨酸含量少。

第三,粗纤维含量低,其中谷实类含0.3%~10.9%,红薯干、马铃薯干含2.2%~4.5%,小麦麸和米糠含6.3%~17%。

第四,矿物质元素含量不平衡,钙少磷多。钙的含量一般不足0.1%,总磷含量较高。

第五,缺乏维生素A和维生素D,但富含B族维生素和维生素E。如糠麸类含B族维生素较丰富,而块根类、块茎类和瓜果类B族维生素和矿物质含量较低,但含胡萝卜素较丰富。

(2)使用时的注意事项

第一,玉米适口性好,能量高,可大量用于奶牛精料补充料中,但最好与其他体积大的糠麸类并用,以防积食和引起臌胀。用整粒玉米饲喂奶牛,由于咀嚼不充分,会有18%~33%未经消化而排出体外,所以以饲喂碎玉米效果较好。高粱的成分接近于玉米,用于奶牛有近似于玉米的营养价值。反刍动物对大麦中所含的β-1,3葡聚糖有较好的利用率,饲喂奶牛可提高奶和黄油的品质，但粉碎太细，易引起瘤胃臌胀。

第二，米糠适口性好，能值高，在奶牛精饲料中可用至20%，但喂量过多，会影响奶的品质，使乳脂变黄变软，尤其是酸败的米糠，适口性差，容易导致腹泻。小麦麸容积大，粗纤维含量高，适口性好，饲喂后可增加泌乳量，是奶牛优良的饲料，在精饲料中可用至25%～30%，如用量过高，反而会失去效果。

第三，应根据奶牛不同年龄阶段，适当搭配粗饲料和青绿饲料，以填充胃肠容积，同时补充维生素。

第四，应补充矿物质饲料如石粉、磷酸氢钙等。

第五，能量饲料最好现加工现用，保存期不宜超过15天，保存时间过长，脂肪易氧化酸败。

2. 蛋白质饲料 根据国际饲料分类原则，以干物质为基础，凡粗蛋白质含量在20%以上、粗纤维含量在18%以下者均属于蛋白质饲料。根据这个定义，生产实践中常用的蛋白质饲料主要有：植物性蛋白质饲料、动物性蛋白质饲料、非蛋白氮饲料以及单细胞蛋白饲料。如大豆、蚕豆、豌豆、大豆饼（粕）、菜籽饼（粕）、芝麻饼（粕）、棉籽饼（粕）、豆腐渣、粉条渣、啤酒渣、酒糟、鱼粉、蚕蛹粉、肉粉、羽毛粉等。

(1)营养特点

第一，粗蛋白质含量高，如豆类含20%～40%，饼粕类含33%～52%，动物性饲料含26%～85%，单细胞类饲料含41%～59%。

第二，无氮浸出物含量低于能量饲料，如豆类含25%～60%，饼粕类含22%～37%；动物性蛋白质饲料中除牛奶外，其他种类均不含无氮浸出物；单细胞类饲料含24%～37%。

第三，粗纤维含量低，动物性蛋白质饲料不含粗纤维，单细胞类饲料含 0.8%，豆类含 3.4%～7.5%，饼粕类含 5.3%～22.6%，糟渣类含 2.2%～18%。

第四，鱼粉和肉骨粉钙、磷含量丰富且比例适当，其他种类钙、磷含量较能量饲料略高，但仍不能满足动物需要，且钙少磷多。动物性蛋白质饲料、豆类、饼粕类含铁和锌丰富。

第五，干物质容积小，不能填充胃肠容积。

第六，含有一些有毒有害物质，如豆类含有抗胰蛋白酶、脲酶、嘧啶核苷、凝血蛋白酶；菜籽饼含有硫葡萄糖苷酯类、单宁、芥子碱和皂角苷，其中硫葡萄糖苷酯经芥子酶水解可转化为噁唑烷硫酮、异硫氰酸酯、氰及丙烯腈等有毒物质，引起奶牛甲状腺肿大和中毒；棉籽饼含游离棉酚，可引起奶牛不孕或中毒；亚麻饼含亚麻苦苷和 N-谷酰胺脯氨酸，前者经酶水解可转化为氢氰酸，可引起奶牛中毒，后者可降低维生素 B_6 的利用率。

(2)使用时的注意事项

第一，传统观念认为，奶牛瘤胃微生物可以合成各种氨基酸以满足需要，对日粮氨基酸质量要求极不敏感。但近年来的研究表明，合理的氨基酸供应，对奶牛改善饲料的利用效率和提高生产性能是很重要的。从营养生理学角度考虑，奶牛对氨基酸的需要与单胃动物一样有必需氨基酸和非必需氨基酸之分。在一般情况下，奶牛对必需氨基酸的需要量约 40% 依赖于瘤胃微生物的合成，其余 60% 则来自饲料，这样可满足中等生产力的需要。在生长前期的犊牛，由于其瘤胃发育不完全，微生物区系还未建立，因此在这一阶段至少需要提供 8 种必需氨基酸，如组氨酸、亮氨酸、异亮氨酸、赖氨酸、蛋氨酸、苯丙氨酸、苏氨酸和缬氨酸等，但随着前胃的发育成熟，对日粮中必需氨基酸的需要量则逐渐减少。

高产奶牛仅靠瘤胃微生物提供必需氨基酸是不够的，并且蛋氨酸有可能成为高产奶牛的限制性氨基酸。因此，对高产奶牛来说，以植物性蛋白质饲料为主作为蛋白质补充料时，应考虑补充蛋氨酸添加剂。

第二，全脂大豆具有催乳和提高乳脂率的效果，但饲喂量过多，奶牛生产出的黄油会变软。大豆作为犊牛代用乳的蛋白源价值很高，可在某种程度上代替脱脂奶粉，但应预先将充分加热的大豆粉用酸或碱处理，再添加蛋白酶以提高其消化率。此外，奶牛饲料中还可使用生大豆，但不宜超过精饲料的50%，也不宜与尿素混用，这是由于生大豆中含有的尿素酶会使尿素分解。

第三，大豆饼(粕)是奶牛的优质蛋白质饲料，各阶段牛的饲料中均可使用，适口性好，长期使用也不必担心厌食问题，虽然采食过多可引起粪便变软的现象，但不致引起腹泻。奶牛可有效地利用未经加热处理的大豆饼(粕)，对奶牛有催乳效果，但目前用量逐渐减少，通常用其他粗纤维含量高而价格低廉的饼粕类代替。

第四，用棉籽饼(粕)饲喂奶牛，由于瘤胃微生物的发酵作用，能使棉酚在解毒后再进入真胃，故不存在中毒问题。因此，棉籽饼(粕)是反刍动物的良好蛋白质来源，在奶牛饲料中适当使用(在精饲料中占 20%～35%)可提高乳脂率。但用量太大(在精饲料中占 50%以上)时，会影响饲料适口性，使乳脂变硬，而且会影响奶牛的繁殖。另外，棉籽饼(粕)属便秘性原料，应搭配芝麻饼(粕)等软便性原料使用。

饲喂犊牛时，蛋白质饲料用量宜占精饲料的 20%以下，并要配合含胡萝卜素高的优质粗饲料。种公牛用量宜在33%以下。

第五，菜籽饼(粕)适口性差，长期过量使用会引起甲状腺肿大。在奶牛精饲料中使用10%以下，产奶量及乳脂率均正常。低毒的新品种菜籽饼(粕)，饲养效果明显优于普通品种，使用量可提高许多。

第六，奶牛可使用花生饼(粕)，其饲用价值不亚于大豆饼(粕)。带壳的花生饼也可使用，但不宜单独使用，与其他饼粕类饲料配合使用可提高效果。另外，花生饼(粕)有通便作用，采食过多会有排软便的现象。

第七，向日葵仁饼(粕)对于奶牛的饲用价值较高，脱壳后的饲用效果与大豆饼(粕)不相上下，但含脂肪高的压榨饼采食过多，会造成乳脂与体脂变软。

第八，芝麻饼(粕)可作为奶牛良好的蛋白质饲料，可使奶牛被毛光泽良好，但采食过多，可降低乳脂率，且体脂和乳脂会变软。因此，最好与其他蛋白质饲料配合使用。

第九，鱼粉饲喂反刍动物其效果与植物性蛋白质饲料相近，但因价格高且适口性差而很少使用。在犊牛代乳料中适当添加可减少奶粉用量，但添加量宜在5%以下，过多会引起犊牛腹泻。高产奶牛精饲料中少量添加可提高乳蛋白率，用于种公牛精饲料中可促进精子生成。肉粉、肉骨粉一般对奶牛产奶量及奶的风味无不良影响，偶尔有泌乳量稍降现象。但肉粉、肉骨粉的价格较一般植物性蛋白质饲料高，适口性又差，且品质变异相当大，如以腐败原料制作的产品品质很差，甚至有中毒的可能，故很少使用。羽毛粉和血粉一样，是奶牛很好的过瘤胃蛋白，并含有一定量的含硫氨基酸，但适口性不好，用量应控制在5%以下。近年来，国家已禁止在反刍动物中使用动物源性饲料，故以上几种饲料不宜在奶牛饲料中使用。

第十，啤酒糟多用于奶牛饲料，效果较好。奶牛饲料中使用50%的啤酒糟，产奶量和乳脂率均不受影响。

第十一，非蛋白氮类饲料应严格控制用量，以防奶牛中毒。

第十二，将不同瘤胃降解率的饼粕类饲料合理搭配，使进入小肠的可消化蛋白质总量最高，以满足高产奶牛对蛋白质的需要。在常见的蛋白质饲料中，向日葵仁饼和花生饼含蛋白质较高，豆饼居中，菜籽饼、棉籽饼较低。

3. 青绿饲料 青绿饲料的种类极其繁多，以富含叶绿素而得名。包括天然牧草、栽培牧草、青饲作物、野菜类饲料、树枝、树叶和水生植物等。按饲料的分类，这类饲料主要指天然含水量高于60%的青绿多汁饲料。

(1)营养特点

第一，含水量在60%～95%，干物质少，含能量低。

第二，禾本科、菜叶粗蛋白质含量为1.5%～3%，豆科含3.2%～4.4%。禾本科饲料缺乏赖氨酸，豆科饲料缺乏蛋氨酸和胱氨酸。

第三，因生长期而异，越嫩的青绿饲料含粗纤维越少，越老的含粗纤维越多，鲜样中含0.8%～12%，其中木质素随生长期延长而增加。

第四，叶中无氮浸出物含量最多，幼嫩时多，老时减少，其含量为0.6%～12.5%。

第五，矿物质占鲜重的1.5%～2.5%，占干物质的12%～20%，其中含钙0.4%～0.8%，含磷0.2%～0.35%。同时，还富含铁、锰、锌、铜、钼等元素。

第六，维生素含量丰富，B族维生素和维生素C含量较多，但缺乏维生素D。

第七，饲料容积大，可填充胃肠容积。

第八，含有未知生长因子、酶类和类激素等。

总之，从动物营养学角度看，青绿饲料是一种营养相对平衡的饲料，但由于其干物质中的消化能较低，从而限制了它们在其他方面的营养优势。尽管如此，优质的青绿饲料仍可与一些中等的能量饲料相比拟。因此，在动物的饲料方面，青绿饲料与由它调制的青干草可以长期单独构成草食家畜的日粮，并且还可以提供一定的产品。

(2)使用时的注意事项

①防止亚硝酸盐中毒　青绿饲料生长旺盛时期，正是氮代谢旺盛时期，生成的酰胺类物质和硝酸盐较多。堆积时间长而发热或在锅内小火焖煮，硝酸盐可还原为亚硝酸盐，亚硝酸盐与二价铁离子结合，会使红细胞失去运氧能力，引起奶牛死亡。因此，青绿饲料应鲜喂，并控制用量。不能大量长期堆放，也不能用小火焖煮后再饲喂。

②防止氢氰酸中毒　高粱苗、苏丹草、桃仁、杏仁中含氢氰酸配糖体，在动物体内可被酶分解释放出氢氰酸，氰酸根能抑制动物细胞色素氧化酶、脱羧酶等40多种酶，使其失去活性，导致氧化停止，使动物呼吸中枢麻痹而死亡。奶牛采食0.5～1千克高粱幼苗就会死亡，因此使用时应晒干或青贮后再饲喂。

③防止臌胀病　苜蓿等豆科牧草内含有的皂素在瘤胃微生物的作用下会产生大量泡沫，排除困难，在体内膨胀，严重的可造成死亡。这就是牛、羊常见的臌胀病。因此，应用时应先喂些青干草，以免奶牛贪青而采食大量苜蓿。再者注意不要在露水未干之前放牧。

④其他有毒有害物质的影响　奶牛采食甜菜叶时可能会发生中毒，因甜菜叶中含草酸盐较多，草酸根容易和钙结合生

成草酸钙沉淀，引起尿道阻塞和血钙过低。发霉的草木樨受微生物的作用会分解出双香豆素和出血素，前者有难闻的气味，影响适口性；后者会影响维生素K的作用，阻止凝血素的形成，所以在内外创伤的情况下更会流血不止，故不能饲喂发霉的草木樨。

除此之外，还应注意在利用青绿饲料前，了解其是否使用过农药，水生植物饲料有没有寄生虫等。

4. 粗饲料 是指干物质中粗纤维含量在18%以上、营养物质消化率很低的一类容积性饲料。主要包括干青草类、农副产品类(荚、壳、藤、秸、秧)、树叶类和糟渣类等。其来源广、种类多、产量大、价格低，是奶牛冬、春两季的主要饲料来源。奶牛缺乏优质粗饲料，不仅难以发挥其生产潜力，而且也难以获得良好的经济效益。

(1)青干草 是指青草或栽培青饲料在未结籽实以前，刈割下来经日晒或人工干燥而制成的干燥饲料，由于制备良好的青干草仍保持一定的青绿颜色，所以也称青干草。青干草按植物的种类，可分为以下几种。

①豆科青干草 如苜蓿、三叶草、草木樨、苕子、大豆青干草等。这类青干草营养价值较高，富含可消化粗蛋白质、钙和胡萝卜素等。奶牛日粮中配合一定数量的豆科青干草，可以弥补饲料中蛋白质数量和质量方面的不足。如用豆科青干草和玉米青贮饲料搭配饲喂奶牛，可以减少精饲料用量或完全省掉精饲料。

②禾本科青干草 如羊草、冰草、黑麦草、无芒雀麦、鸡角草和苏丹草等。这类青干草来源广、数量大、适口性好。天然草地上生长的绝大多数是禾本科牧草，是牧区、半农半牧区的主要饲草。禾本科牧草一般含粗蛋白质与钙较少，其营养价

值因种类和刈割时期不同而差异很大。

③谷类青干草　为栽培饲用谷物在抽穗至乳熟、蜡熟期刈割调制成的青干草，如玉米、大麦、燕麦、谷子等，这类青干草含粗纤维较多，是农区草食家畜的主要饲草。

④混合青干草　是以天然草场和混播牧草草地刈割的青草调制的青干草。

⑤其他青干草　是以块茎瓜类的茎叶、蔬菜和野草等调制的青干草。

青干草的营养价值取决于制作原料的植物种类、刈割时期、调制方法和贮藏技术等。合理调制的青干草，干物质损失为18%～30%，营养价值远远高于稿秕饲料。常见的几种青干草营养成分与营养价值见表4-1。

表4-1　几种青干草的营养成分与营养价值　（%）

类　别	干物质	粗蛋白质	粗脂肪	粗纤维	无氮浸出物	粗灰分	钙	磷	牛消化能（兆焦/千克）
苜蓿青干草	91.4	15.5	1.7	28.0	37.1	9.0	1.29	0.21	9.08
红三叶青干草	78.0	11.4	2.0	25.2	33.2	6.2	1.13	0.18	8.41
草木樨青干草	91.3	15.0	2.2	27.4	38.6	8.0	1.31	0.19	9.87
玉米青干草	78.9	6.8	1.9	21.0	43.9	5.2	0.24	0.14	9.50
大麦青干草	87.7	7.7	1.9	23.7	47.8	6.6	0.25	0.22	9.04
马铃薯茎叶青干草	87.2	10.8	2.4	22.6	35.6	15.8	—	—	8.54
油菜青干草（早花期）	82.5	11.8	2.3	11.4	37.7	11.3	—	—	10.38
蒲公英青干草（早花期）	88.6	14.7	4.2	15.0	42.8	12.0	—	—	11.17

由表4-1可见，豆科植物制成的青干草粗蛋白质含量较高，但在能量价值方面，豆科、禾本科牧草和禾本科作物调制成的青干草之间无显著差异，均在9兆焦/千克左右。矿物质与其原料相似，一般豆科青干草钙含量高于禾本科青干草。此外，优良的青干草还含有胡萝卜素、维生素E、维生素B_1、维生素B_2以及烟酸等多种维生素。需要指出的是，晒制青干草是奶牛维生素D的主要来源，这是由于植物体内所含的麦角固醇受阳光中紫外线的照射，可转化为维生素D_2。一般晒制青干草的含量为100～1 000单位/千克。

青干草是奶牛最基本、最主要的饲料。在生产实践中，青干草不仅是一种必备饲料，而且也是一种贮备饲料，可调节青绿饲料供应的季节性不平衡，缓解枯草季节青绿饲料的不足。优良的青干草具有较高的饲用价值，不仅蛋白质中氨基酸较全，而且各种营养物质的含量与比例比较平衡，是奶牛能量、蛋白质和维生素的重要来源。虽然青干草中粗纤维含量较高，但由于刈割时草的木质化程度较轻，所以粗纤维的消化率较高，为70%～80%。对于奶牛，一定量的青干草还具有提高乳脂率的作用。生产实践证明，以优质青干草为基础日粮，适当搭配精饲料、青贮饲料等，对奶牛体型、生产力和经济效益方面均有良好效果。

(2)稿秕饲料　是指农作物在籽实成熟、收获后所剩余的副产品。脱粒后的作物茎秆和附着的干叶称为稿秆；籽实的外皮、荚壳、颖壳以及数量有限的破瘪谷粒等称为秕壳。常见的稿秆饲料有稻草、玉米秸、麦秸、豆秸、谷草等；秕壳饲料有大豆荚、稻壳、小麦壳、花生壳等。

①营养特点

第一，粗纤维含量高。干物质中粗纤维含量在30%～

50%，其中木质素比例大，一般为6.5%～12%。其适口性差，消化能低，能量价值也低。如对奶牛的消化能值在8.36兆焦/千克以下。

第二，蛋白质含量很低。粗蛋白质含量为2%～8%，并且蛋白质品质差，缺乏必需氨基酸。但豆科作物较禾本科作物要好些。

第三，矿物质含量高。如稻草含量高达17%之多，但大部分为硅酸盐，对奶牛有营养价值的钙、磷含量很低，且比例不适宜。

第四，缺乏维生素。除了维生素D以外，其他维生素都很缺乏，尤其缺少胡萝卜素。

②饲用价值　如上所述，稿秕饲料的营养价值很低，并非优良饲料，但此类饲料种类繁多，资源极为丰富，我国每年要生产5亿吨以上。作为非竞争性的饲料资源，用来饲喂家畜，可节约大量粮食，间接地为人类提供动物产品，因而开发利用的潜力巨大。有资料表明，如果将全部秸秆的60%～65%用作饲料，即可满足我国农区和半农半牧区牛、羊、马对粗饲料需要量的88%。

在某种情况下，稿秕饲料是奶牛惟一的饲料，这是由于其能量价值还可以起到维持饲养的作用。另一方面，奶牛消化道容积大，必须以秸秆等粗饲料来填充，才能保证消化器官的正常蠕动，使奶牛在生理上有饱腹的感觉。在奶牛日粮中使用一定比例的稿秕饲料，可保证乳脂率。但使用时应注意蛋白质、矿物质和维生素等营养成分的补充，并要求对其进行合理的加工调制，以提高采食量与消化率。

常见的几种稿秕类饲料的营养成分与营养价值见表4-2。

表 4-2 几种稿秕类饲料的营养成分与营养价值 (%)

类别	干物质	粗蛋白质	粗脂肪	粗纤维	无氮浸出物	粗灰分	钙	磷	牛消化能(兆焦/千克)
小麦秸	87.9	3.2	1.4	38.3	38.6	6.3	0.14	0.07	7.91
燕麦秸	88.6	3.8	2.1	36.3	39.6	6.8	0.24	0.09	8.58
大豆秸	87.5	4.5	1.3	38.8	37.3	5.0	1.39	0.05	6.82
豌豆秸	84.7	7.6	1.5	33.4	36.7	5.5	—	—	8.82
谷草	89.5	3.8	1.6	37.3	41.3	5.5	0.08	—	7.45
稻壳	92.4	2.8	0.8	41.1	29.2	18.4	0.08	0.07	1.84
小麦壳	92.6	5.1	1.5	29.8	39.4	16.7	0.20	0.14	6.82
花生壳	91.5	6.6	1.2	59.8	19.4	4.4	0.25	0.06	3.10
棉籽壳	90.9	4.0	1.4	40.9	34.9	2.6	0.13	0.06	8.70
玉米芯	89.8	2.8	0.7	31.1	53.7	1.6	0.11	0.04	8.28
玉米包叶	88.6	3.3	0.8	29.3	52.0	3.3	0.16	0.13	8.87

5. 矿物质饲料 这里所指的矿物质饲料主要是指补充常量矿物质元素的物质。一般植物性饲料都富含钾,而缺乏钠和氯,钙、磷含量也都不足,而且常常是钙少磷多,因此饲喂植物性饲料时,需额外补充这些物质。

(1)含钙饲料

①石粉 又名石灰石粉,主要成分是碳酸钙,含钙量34%~40%。来源广,价格低廉,动物对其利用率较高,是补充钙质最简单的原料。但饲用石粉中镁含量应低于0.5%。

②贝壳粉 包括蚌壳、牡蛎壳、蛤蜊壳和螺蛳壳,经粉碎而成。主要成分为碳酸钙,含钙33%~38%。若贝壳中夹杂

的砂砾或泥土等未清除干净，则粉碎后的贝壳粉质量较差。

(2)含磷饲料　生产中常用来补充磷的饲料有磷酸氢钙、磷酸钙和脱氟磷酸钙等。

①磷酸氢钙　含磷量约为18%，含钙量约为23%。我国饲料级磷酸氢钙的标准要求为：含磷量不低于16%，含钙量不低于21%，含砷量不超过0.003%，含铅量不超过0.002%，含氟量不超过0.18%。

②磷酸钙　也叫磷酸三钙，其中含磷量为20%，含钙量为38.75%，含氟量低于0.1%。

③脱氟磷酸钙　是用天然的磷钙石或磷灰石粉碎而成，含钙量36%，含磷量16%，含氟量不超过0.2%，其饲用价值较高。

(3)食盐　每千克食盐含钠380～390克，含氯585～600克。现有加入碘化钾或碘酸钾的食盐，也有加入硫酸亚铁或亚硒酸钠的。食盐添加量可占奶牛风干饲料量的1%。

其他矿物质饲料有麦饭石、沸石、海泡石、浮石、生石膏、膨润土和稀土，其中含钙、磷、镁、钠、钾、铁、铜、锰、锌、钼、镧系元素等25种。添加量应占饲料总量的2%～5%。

6. 青贮饲料　一般是指水分含量高的青绿饲料在青贮器内控制发酵所调制的一种青绿多汁饲料。使用时应注意以下几个问题。

第一，青贮饲料是奶牛的优质多汁饲料之一，但青贮饲料略带酸味，奶牛在开始饲喂时有不愿采食的现象。只要通过短期驯饲，完全可以转变。驯饲的方法是：先空腹饲喂青贮饲料，再喂其他草料；或先将青贮饲料拌入精饲料中饲喂，再喂其他草料；或先少量饲喂青贮饲料，再逐渐加量饲喂；或将青贮饲料和其他草料拌在一起饲喂。

第二，用前要先判断青贮饲料的质量，发霉变质的青贮饲料不能用于饲喂。

第三，从青贮设备中开始启用青贮饲料时，要尽量避免高温和高寒季节。因高温季节青贮饲料易二次发酵，或干硬变质；高寒季节青贮饲料容易结冰，经融化后才能饲喂。另外，每次用多少，取多少，不能一次性取出大量青贮饲料堆放在牛舍内，因为青贮饲料只有在缺氧条件下才不会变质，如果堆放在牛舍内与空气接触，就会感染真菌和其他杂菌，使青贮饲料迅速变质。

第四，喂量要适宜，饲喂过多，容易导致奶牛腹泻。

7. 添加剂 是指在配合饲料中加入的各种微量成分。其作用是完善饲料的营养性，提高饲料的利用率，促进奶牛的生产性能和预防疾病，改善牛奶品质。

(1)蛋氨酸羟基类似物(MHA) 在奶牛营养中，由于瘤胃微生物的作用，蛋氨酸会发生脱氨基作用而失效，而蛋氨酸羟基类似物只是提供蛋氨酸所特有的骨架，不会发生脱氨基作用。同时，瘤胃中的氨与相似的碳架发生作用，可生成蛋氨酸。因此，蛋氨酸羟基类似物是奶牛良好的蛋氨酸添加剂。

(2)微量元素添加剂 为充分发挥奶牛的生产潜力，往往在饲粮中补充铜、铁、锰、锌、碘、硒、钴等微量元素。

作为饲料添加剂用的微量元素化合物，应特别注意其中的重金属含量，以确保奶牛和人类的健康。

常用微量元素原料及含量见表4-3。

表 4-3 常用微量元素原料及含量 （纯度为 100%时）

元素种类	化合物名称	元素含量	元素种类	化合物名称	元素含量
锌(Zn)	$ZnSO_4 \cdot 7H_2O$	22.7	锰(Mn)	$MnSO_4 \cdot 5H_2O$	22.8
	$ZnSO_4 \cdot H_2O$	36.4		$MnSO_4 \cdot H_2O$	32.5
	$ZnSO_4$	40.5		$MnSO_4$	36.4
	ZnO	80.3		$MnCO_3$	47.8
	$ZnCO_3$	52.1		MnO	77.4
	$ZnCl_2$	48.0		$MnCl_2 \cdot 4H_2O$	27.8
铜(Cu)	$CuSO_4 \cdot 5H_2O$	25.5	铁(Fe)	$FeSO_4 \cdot 7H_2O$	20.1
	$CuSO_4$	35.8		$FeSO_4 \cdot H_2O$	32.9
硒(Se)	Na_2SeO_3	45.6	碘(I)	KI	76.4
	Na_2SeO_4	41.8		$Ca(IO_3)_2$	65.1
钴(Co)	$CoCl_2 \cdot 6H_2O$	24.8	钼(Mo)	MoO_3	66.3
	$CoSO_4$	38.0		MoS_2	59.9

(3)维生素添加剂　是指工业合成或提纯的脂溶性维生素和水溶性维生素。

奶牛瘤胃中的微生物可以合成 B 族维生素和维生素 K，肝、肾中可合成维生素 C，因此除犊牛外，一般不需额外添加，只考虑维生素 A、维生素 D 和维生素 E 的添加。维生素 A 乙酸酯(20 万单位/克)添加量为每千克日粮干物质 14 毫克。维生素 D_3 微粒(1 万单位/克)添加量为每千克日粮干物质 27.5 毫克。维生素 E 粉(20 万单位/克)添加量为每千克日粮干物质 0.38～3 毫克。

于奶牛临产前添加大剂量维生素 D 可预防产后瘫痪，产前注射亚硒酸钠-维生素 E 合剂对减少胎衣不下和乳房炎有效。

维生素PP(烟酸)是B族维生素,通常被认为可由瘤胃微生物足够合成,但对高产奶牛在饲料中添加是必要的。其作用有3点:一是可预防酮病;二是可促进瘤胃内菌体蛋白的合成;三是可提高产奶量、乳脂率和乳蛋白率。每头奶牛的适宜添加量为每天6克。一般应用于泌乳初期或日产奶量38千克以上的经产奶牛、日产奶量27千克以上的初产奶牛、酮病多发的牛群和添加油脂的日粮。

(4)非蛋白氮添加剂　包括蛋白质分解的中间产物,如氨、酰胺、氨基酸等,还有尿素、缩二脲和一些铵盐。通常所说的非蛋白氮是指化学合成的尿素、缩二脲和铵盐,其中最重要的是尿素。

①尿素　是反刍动物使用年代最久、范围最广、用量最大的一种非蛋白氮。是反刍动物消化道内合成菌体蛋白的氮源,可以补充饲料中蛋白质的不足。1千克尿素相当于2.88千克粗蛋白质,相当于5.6～6千克大豆饼。在奶牛日粮中添加1%尿素代替豆饼和鱼粉,90天平均每头牛日产奶量提高10.5%,乳脂率提高17.5%,饲料成本降低16.3%。

尿素的用量一般占日粮干物质的1%,或占混合精饲料的2%,不超过蛋白质需要量的1/3。6月龄以上育成牛每日每头40～50克,妊娠和泌乳牛每日每头不超过100克。

尿素干粉可与精饲料混匀后饲喂,也可以与铡短的稿秆、粉碎的精饲料一起充分拌匀。还可把尿素溶液喷洒在青干草上,任奶牛自由采食。

②脂肪酸尿素　商品名为牛得乐,是脂肪酸与尿素经化学反应制成的非蛋白氮产品。含氮30%以上,还含有硫、钴、钙、胆碱和卵磷脂。其作用是能使尿素被瘤胃微生物充分利用,营养价值高,安全性好。

奶牛每日每头添加150克脂肪酸尿素，产奶量可提高7.1%，饲料报酬提高8%，每千克脂肪酸尿素可增加产奶量8.53千克。

③磷酸脲　商品名为牛羊乐，是尿素和磷酸在一定条件下经化学反应得到的化合物。含氮量10%～30%（因种类不同而异），含磷8%～19%。

磷酸脲可为奶牛补充氮和磷，是一种新型非蛋白氮饲料添加剂。它在瘤胃内的分解速度显著低于尿素，能增加瘤胃中乙酸和丙酸的含量以及脱氢酶的活性，促进奶牛的生理代谢及其氮、磷、钙的吸收利用。

在中国荷斯坦牛日粮中添加磷酸脲，产奶量可提高20%～30%，乳脂率可提高4%～20%，饲料利用率可提高22%，每千克磷酸脲可增加产奶量10～12.2千克。

使用方法为：奶牛每日每100千克体重添加18～20克，或在日粮中添加2%，混匀饲喂。

④羟甲基尿素　是尿素与甲醛在特定条件下缩合而成的化合物。含氮量38%～41%。

羟甲基尿素与尿素相比，安全简便，释放氨速度慢，提高了氮利用率。1千克羟甲基尿素相当于5千克豆饼所含的蛋白质。具有补充蛋白质，促进动物新陈代谢，增强体质，提高抗病力的作用。对7 000千克以上高产奶牛试验表明，日粮中添加0.7%羟甲基尿素（占混合精饲料总氮的11.36%），对日产奶量、乳脂率无影响，而且可以降低5%～15%的生产成本。

可于奶牛日粮中添加100克，或参照尿素的用量和用法。

另外，缩二脲、磷酸铵、乙酸铵、乳酸铵、磷酸二铵、氯化铵等均可作为奶牛的非蛋白氮饲料添加剂。

(5)瘤胃缓冲剂　科学研究与生产实践证明，为了获得6 000～7 000千克的产奶量，必须给奶牛饲喂大量精饲料。但精饲料量增多，粗饲料减少，会形成过多的酸性产物，使瘤胃酸度过高，影响奶牛的食欲。同时，瘤胃微生物区系被抑制，对饲料的消化能力减弱。瘤胃酸度提高使乳腺生成乳脂不能利用的脂肪酸——丙酸增加，导致乳脂生成受到抑制，乳脂率下降。为了使奶牛适应高精料日粮，可以在日粮中添加各种缓冲剂，这样可以增加瘤胃内的碱性蓄积，改变瘤胃发酵，增强食欲，提高饲料利用率，并且可促进乙酸的形成和抑制丙酸的合成，进而提高产奶量，防止乳脂率下降。常用的瘤胃缓冲剂有以下几种。

①小苏打　用量可占混合精饲料的1.5%～2%，或占整个日粮干物质的0.75%～1%。添加时可采用每周逐渐增加(0.5%、1%、1.5%)喂量的方法，以免突然添加使采食量下降。如与氧化镁合用，比例以2～3∶1较好。

②氧化镁　用量可占精料补充料的0.75%～1%，或占整个日粮干物质的0.3%～0.5%。

③乙酸钠　奶牛按100千克体重饲喂50克，一般产奶牛每日每头添加300～500克即可，可均匀地混于饲料中饲喂。

使用瘤胃缓冲剂时，要根据日粮成分组合、气候、营养情况等灵活调整用量。当饲喂酸性青贮饲料或精饲料超过日粮总量的50%～60%时应添加瘤胃缓冲剂。夏季采食量低，大量饲喂青草，粗纤维低于干物质总量的20%～22%时饲喂瘤胃缓冲剂效果明显。另外，添加碳酸氢钠和乙酸钠时，应相应减少食盐用量，以免食入钠过多，同时应注意补氯。

(6)异位酸添加剂　异位酸是异丁酸、异戊酸、2-甲酯丁酸和戊酸4种化学物质的总称。国外已研制出它的钙盐作为商品用于奶牛。推荐添加量为产前2周的奶牛每日每头添加45克。

(7)抑制青贮饲料不良发酵的添加剂　这类添加剂能抑制青贮饲料中有害微生物的活动，防止青贮饲料霉烂和腐败，保障青贮饲料的质量。

①甲酸　俗称蚁酸，在降低pH值方面是有机酸中最强的。在青贮饲料中添加甲酸能抑制蛋白质的分解，减少青贮饲料中的养分损失，适口性好，有助于提高泌乳牛的产奶性能。

禾本科牧草青贮中可添加0.3%，豆科牧草青贮中可添加0.5%，玉米青贮由于含糖量高，一般不添加。

②苯甲酸　又名安息香酸，在pH值2.5～4条件下，对多种微生物有抑制作用，但对产酸菌作用较弱。对乳熟期和蜡熟期收割的玉米进行青贮时，按0.3%添加，可消除青贮饲料的腐败现象，防止真菌发育，使原料干物质和蛋白质损失减少，提高奶牛生产性能。据试验，每吨经苯甲酸处理的青贮饲料，可增加2.68千克粗蛋白质和14千克糖，饲喂奶牛产奶量可提高7.4%。

直接使用苯甲酸时，一般先用乙醇溶解再添加。也可加入适量碳酸氢钠或碳酸钠，用90℃以上热水溶解成苯甲酸钠再添加。溶解时注意搅拌要轻缓，防止溅出。

③甲醛　又名蚁醛，添加于青贮饲料中能有效抑制杂菌生长，同时可以抑制蛋白质分解和在瘤胃中降解，增加过瘤胃蛋白。另外，甲醛与甲酸并用，比单独添加效果要好，两者结合使用，已成为一种有效的添加剂，既可降低氨的产生，又能抑制有害微生物的活动。

青贮饲料中甲醛的添加量为0.3%～0.7%。对高蛋白饲料，如豆科牧草青贮效果显著，处理时应带防护面具，搅拌均匀。

④丙酸　抑制酪酸发酵的强度较甲酸差，但在抑制酵母菌和真菌的生长繁殖上作用较好，从而在装窖时间较长、密封不完全的情况下发挥作用。另外，还有预防二次发酵的作用。于青贮料中添加0.1%～0.2%的丙酸，可减慢酵母菌的生长；添加0.3%～0.5%的丙酸即可在相当程度上抑制酵母菌和真菌的增殖；添加0.5%～1%的丙酸几乎所有的酵母菌和真菌的生长繁殖都完全被抑制；用0.8%的丙酸处理，可防止上层青贮饲料的腐败。此外，丙酸处理还可使青贮内部温度下降，蛋白质消化率提高，水溶性糖存留量加大。

(8)饲料抗氧化剂

①乙氧基喹啉　又称乙氧喹、抗氧喹、山道喹，是目前使用最多的一种化学合成的抗氧化剂。它能保护饲料中维生素A、胡萝卜素、维生素D、鱼肝油以及各类脂肪、肉粉、骨粉和鱼粉中易于氧化的成分，避免色、味和饲料外形的改变，促进营养成分的有效利用，提高饲料利用率。每吨苜蓿青干草粉中添加200克乙氧基喹啉，放置1年后仅损失30%的胡萝卜素和20%的叶黄素，而未添加乙氧基喹啉的青干草粉，则相应损失70%和30%。

乙氧基喹啉黏滞性高，可制成含乙氧基喹啉10%～70%的粉剂。该剂型物理性质稳定，易混合。在饲料中的添加量因目的不同而异。保护维生素A、维生素D等可按饲料总量的0.1%～0.2%添加；脂肪类可添加0.04%～0.05%；一般饲料级青干草粉可添加0.01%～0.015%。

②丁基羟基茴香醚　又名叔丁基-4-羟基茴香醚、丁基大茴香醚。抗氧化效果好，多用作油脂抗氧化剂，并有较强的抗菌力。每千克添加250毫克可以完全抑制黄曲霉毒素的产

生，添加 150 毫克可抑制金黄色葡萄球菌。

丁基羟基茴香醚的添加量为饲料中所含油脂的 0.02% 以下为宜。在使用过程中，最好与二丁基羟基甲苯、没食子酸丙酯以及柠檬酸（0.001%～0.01%）等混合使用，抗氧化效果更好。

③二丁基羟基甲苯　又名 2,6-二叔丁基对甲酚。与其他抗氧化剂相比，稳定性较高，抗氧化效果较好，没有特殊异味，价格低廉。添加量为饲料中所含油脂的 0.02% 以下为宜。

④没食子酸丙酯　属于脂溶性抗氧化剂，对猪油脂的抗氧化作用比丁基羟基茴香醚和二丁基羟基甲苯强些，若与它们合用并添加柠檬酸增效剂则抗氧化作用更好。

二丁基羟基甲苯在饲料中的使用限量为油脂含量的 0.02%，使用时先取一部分油脂，将本品按量加入，加温充分溶解后，再添加至饲料中。生产中常将它添加在含脂溶性维生素的预混剂中。

二、奶牛饲料的加工调制方法

合理加工的奶牛饲料，有以下优点：①可以改善其适口性，增加采食量；②保存营养物质，避免过多损失；③除去有毒物质，防止奶牛中毒；④增加某种养分含量，提高营养价值；⑤消除不利因素，提高养分利用率；⑥节约饲料，防止浪费；⑦利用各种技术，开辟新的饲料资源。常用的加工调制方法有以下几种。

（一）物理加工法

1. 切短 目的是使奶牛减少咀嚼次数，减少饲料浪费，以铡至 2～3 厘米长为宜。块茎、块根等多汁饲料，饲喂前一定要先清洗，再切碎，可切成 1～2 立方厘米的小块饲喂，以防止其阻塞食管。

2. 粉碎或压扁 对谷类籽实、油饼类要粉碎后才能饲喂，以提高利用率和消化率。但磨得过细会降低适口性，并易在消化道中形成黏结的小面团而不利于消化。

3. 秸秆碾青 我国山东省南部地区群众历来有栽培苜蓿并晒成青干草的习惯，由于天气原因，有时不能充分晒干晾透，因此创造了秸秆碾青的方法。即将厚约 30 厘米的麦秸铺在打谷场上，再铺厚约 30 厘米的青苜蓿，晾晒 3～4 小时，然后在苜蓿之上再盖一层麦秸用磙碾压，苜蓿压扁流出的汁液被麦秸吸收，这样压扁的苜蓿在天气炎热时只要半天至 1 天时间的暴晒就可干透。这种方法的好处是可以快速调制青干草，使苜蓿茎叶干燥速度均匀，减少叶片脱落损失。同时，还可提高麦秸的适口性与营养价值。

（二）化学加工法

适合于秸秆饲料的调制，目的在于使粗饲料中的木质素和角质素与纤维素分离，以便消化液和细菌酶与纤维素发生作用。

1. 氨化处理

（1）*氨水处理法* 将切碎的秸秆紧填于窖内或堆紧于地面，每 100 千克氨化原料浇洒 12 升 25％氨水，然后立即封窖或用塑料薄膜将饲料堆封严，经一段时间后启封，通风12～24小时，待氨味消失后即可饲喂。氨化速度与气温有关，当气温低于5℃时,需8周以上;在5℃～15℃时,需4～8周;在15℃～30℃时,需1～4周。饲料经过氨化处理,提高了粗纤维的消化率,同时增加了秸秆中的氨,提高了营养价值。

(2)*尿素处理法* 用5%尿素溶液喷洒等重量的秸秆,然后用黑色塑料布覆盖后贮于水泥窖或土坑中,一般封存7～10天或更长一段时间。这样,尿素就会在脲酶的作用下分解出氨,对秸秆产生氨化作用,使秸秆中粗蛋白质含量提高1倍以上,奶牛采食量也可增加1/3。玉米秸秆比其他秸秆含有更多的脲酶,更适合于尿素处理。尿素是普遍使用的化肥,一般农户都可使用此法,但使用时要注意尿素的浓度。

2. 碱化处理

(1)*石灰水处理法* 将1千克生石灰或3千克熟石灰溶于200～250升水中,并加入1～1.5千克食盐搅拌均匀。再将切碎的秸秆浸泡其中5～10分钟,然后捞出、压实,经2～3小时后,再用石灰水淋浇1次,放置24～36小时即可饲喂。

(2)*氢氧化钠和生石灰混合处理法* 在20～30厘米厚的秸秆上,喷洒1.5%～2%氢氧化钠和1.5%～2%生石灰混合液,压实后,再铺放1层秸秆,再次喷洒、压实。每100千克干秸秆喷洒80～120升混合液。经过7～8天后,秸秆堆内的温度达到35℃～55℃,这时秸秆呈淡绿色或浅棕色,并带有新鲜青贮饲料的气味,即可用于饲喂。

(三)调制青干草

青干草是将牧草、饲料作物、野草和其他可饲用植物,在质、量兼优的适宜刈割期刈割,经自然干燥或用人工干燥法,使其迅速干燥(脱水),使植物细胞停止呼吸,终止养分消耗,成为能贮藏、不变质的干燥饲草。调制合理的青干草,能较完善地保持青绿饲料的营养成分。干燥(脱水)过程越长,则养分损失越多。

1. 青干草的品质鉴定 根据青干草的植物组成、草龄、颜色、气味和含水量等来鉴定。

(1)植物组成 在草堆各处抽取样品,进行分类,称其重量,算出各类草所占样品中的百分比。

优质青干草:豆科草所占比例大,不可食草不超过5%,杂草不超过10%。

中等青干草:禾本科和其他可食草较多,不可食草不超过10%,杂草不超过30%。

劣质青干草:除豆科、禾本科以外的其他可食草较多,不可食草不超过15%,杂草不超过30%。

(2)草龄 在抽取的样品中,随机取样进行观察,如样品中有花蕾出现,表示刈割期适宜,品质优良;如有大量花序,尚未结籽,表示在开花期收获,品质中等;如发现大量种子,表示收获过晚,营养价值不高。

(3)颜色和气味 青干草的颜色和气味是青干草调制好坏最明显的标志。

优质青干草:呈鲜绿色,气味芳香。

中等青干草:呈淡绿色或灰绿色。

次等青干草:呈微黄色或淡褐色。

劣质青干草:呈暗褐色,具有霉味。

(4)含水量 青干草含水量在15%以下时,会有相当数量的枝叶保存得不完整,有的则完全失去叶片和花果。其中夹杂一些草屑,用手轻轻揉搓,会发出碎裂声,并容易折断,说明调制得过于干燥。含水量在15%~17%时,草茎反复扭折易断裂,轻压有弹性而不断。用手成束紧握时,发出沙沙响声和破裂声，松开时草束能迅速、完全地散开。叶片干而卷曲。此种青干草含水量适宜，可堆垛长期保存。

含水量在17%～20%时，草茎反复扭折时不易折断，并能溢出水来。此种青干草不宜长期保存。

2. 调制时的注意事项

(1)刈割时间　刈割过早，植物细胞中水分含量大，营养价值和产量都较低；刈割过晚，纤维素含量增加，可消化蛋白质和饲料总养分可减少75%，胡萝卜素可减少60%～65%。因此，豆科植物必须在孕蕾期刈割，禾本科植物最好在抽穗前期刈割。

(2)原料品质　应干净，不可夹带大量泥沙或肥料，不能有腐烂植物等混入其中。

(3)防止机械损失　在暴晒时，叶片干燥较快，特别是豆科植物茎秆结实，更不易干燥。这样就需要多次翻动，造成营养含量高的叶片脱落损失。因此，从捆绑、运输、晾晒、铡短或粉碎时都要防止叶片的损失。

(4)迅速干燥　晾晒时要选择阳光充足、日照时间长的通风处。要把草摊薄。1天内晒不干时，晚上要收回，以防回潮。收回时不能堆得太厚。有条件的可采用人工通风干燥。

(5)贮存　贮存青干草的地方要向阳干燥、防雨、防潮，上面要加顶封盖。青干草堆上要覆盖秸秆、草帘或塑料薄膜，底部要垫石头、干树枝等以利于通风。有条件的最好采用干燥棚贮存青干草。

(四)调制青贮饲料

青贮是在厌氧环境中，利用乳酸菌的发酵作用，抑制真菌和腐败菌的生长，以长期保存青绿多汁饲料的营养特性，扩大饲料来源的一种简单而又经济的饲料保存方法，是饲养奶牛最主要的饲料来源。

1. 青贮饲料的原料 一切可供奶牛食用的青绿多汁饲料只要调制得法，搭配合理，几乎都可作为青贮饲料的原料。最常用、最易青贮的原料是禾本科和其他含糖量多的青绿饲料，如玉米茎叶等。豆科牧草如能与其他含糖量高的青绿饲料搭配，或加入一定量的添加剂，或降低水分后再青贮，都可长期贮存而不变质，如苜蓿等。

2. 青贮的基本条件

(1)厌氧条件 是青贮成功的首要条件。要做到厌氧，一是要有一个相对密闭的空间；二是青贮原料要压实，防止有较多的空气残留。

(2)适当的糖与淀粉 适宜的酸度可抑制大部分微生物的活动，这就要求青贮原料中要有足够的水溶性碳水化合物，主要是糖与淀粉，它们是乳酸菌产酸的必需原料。

(3)适宜的温度 在青贮过程中形成的酸，主要是乳酸，为此必须为乳酸菌创造适宜的环境温度。乳酸菌在25℃～30℃繁殖最快，它的迅速繁殖可以产生大量的乳酸，从而以数量上的优势抑制其他微生物的活动。

(4)适量的水分 水分过少，原料不易压紧，空气残留多，造成好气腐败菌大量增殖，并易形成高温，使原料发霉腐烂，养分大量流失；水分过多，则使糖分浓度变小，造成养分流失，并易使原料结块，利于酪酸菌的发酵，以致青贮质量不高。

3. 青贮的基本设施

(1)青贮塔 适宜潮湿地区使用。塔身为钢筋水泥结构，水泥要能抗酸抗腐蚀。塔高不应低于10米。

(2)青贮窖 造价比青贮塔低，适于干燥地区使用。一般多为埋入地下的长方形水池(地下式),也可上半部分露出地面(半地下式),容积根据需要而定。窖的四壁和底部应用防酸水泥抹面,底部应留排水孔道。青贮窖要建在地势高燥,远离河渠、池塘、粪坑,土质坚硬而靠近饲养场的地方。青贮窖若为方形,应使窖壁光滑,上口大于底部,这样可使青贮原料均匀下沉,易于压紧。挖好窖后应晾晒1～2天再使用,以减少窖壁水分,增加其硬度。窖的四周应有排水沟,防止雨水进入。

4. 调制青贮饲料的步骤

第一步:严格按照基本条件的要求选择原料,做到适时刈割,过早水分过多,不宜贮存,过晚营养价值降低。禾本科植物应在抽穗期刈割,豆科植物应在开花期刈割。

第二步:青贮前应将青贮塔(窖)彻底清扫,并用硫黄或福尔马林、高锰酸钾熏蒸消毒。

第三步:用铡草机等将青贮原料铡成2～3厘米长的短节。

第四步:将铡短的青贮原料装填,并随时借助机器或人力一层一层充分压实。

第五步:压实后经24小时的自然沉降,再加压1次。窖的顶部覆盖5～10厘米的秸秆并压实,然后覆盖1层塑料薄膜,膜上再铺5～10厘米厚的土层,压实,并用草泥封顶。

第六步:为防止雨水渗入,可将窖顶做成弧形,四周设排水沟。

第七步:平时多注意检查,发现问题及时处理。

第八步:青贮饲料开启使用时应注意防止二次发酵,降低青贮饲料品质,故每次使用后都应再妥善密封好;每个窖中的青贮饲料,在开启后应尽快用完。

也可用聚乙烯袋调制半干青贮饲料。将含水量50%的禾本科植物,直接装入聚乙烯袋中,用压缩机压缩成捆,然后用热压封口或用绳子束紧。这种方法制成的半干青贮饲料，保存 1 年色泽不变，并可散发出酸香味。

5. 防止青贮饲料二次发酵应注意的问题 二次发酵又叫好气性腐败，是指发酵完成的青贮饲料，在温暖季节开启后，空气随之进入，使好气性微生物重新大量繁殖，产生大量的热，出现腐败，青贮饲料的营养物质也因此而大量损失的现象。

二次发酵多发生在冬初和春、夏季节。二次发酵的青贮饲料 pH 值在 4 以上，含水量为 64%～75%。防止青贮饲料二次发酵，需注意以下几点。

一是适时刈割。以玉米为例，应选用霜前黄熟的早熟品种玉米，其含水量不超过 70%。如果在早霜后刈割青贮，乳酸发酵将受到抑制，造成青贮原料的 pH 值升高，总酸量减少，开封后很快发生二次发酵。

二是原料的装填密度要大，青贮原料应切短。

三是要完全密封。

四是青贮原料应用重物压紧并填平。

五是可用甲酸、丙酸、丁酸等喷洒在青贮原料上，也可喷洒甲醛、氨水等。

六是根据每日用量，合理安排每日取用的数量。

七是减少青贮容器的体积，每一容器的贮量以在 1～3 天内喂完为宜。为此可将容器分成若干小区，各区间密闭不相通，每小区的贮存量仅供 1～2 天采食。也可用缸等小容器来缩小单位贮量。

6. 青贮饲料品质的鉴定 现场评定青贮饲料品质主要从气味、颜色和酸碱度 3 方面进行。

(1)气味 品质良好的青贮饲料应具有酒味或酸香味，如果出现醋酸味，表示品质较差。劣质的青贮饲料有腐烂的臭味。

(2)颜色　优质的青贮饲料呈绿色，如果出现黄绿色或褐色，表示质量较差。劣质青贮饲料呈暗绿色或黑色。

(3)酸碱度　可用广泛 pH 试纸等测定其酸碱度。pH 值为 3.8～4.2 的为优质青贮饲料，4.2～4.6 的品质较差。pH 值越高，表明质量越差。

三、奶牛常用饲料的营养价值

奶牛常用饲料的成分与营养价值见表 4-4 和表 4-5。

表 4-4　奶牛常用精饲料的营养成分与营养价值

饲料名称	饲料描述	干物质(%)	粗蛋白质(%)	粗脂肪(%)	粗纤维(%)	无氮浸出物(%)	粗灰分(%)	钙(%)	磷(%)	奶牛产奶净能(兆焦/千克)
玉　米	GB 2 级，籽粒，成熟	86.0	8.7	3.6	1.6	70.7	1.4	0.02	0.27	7.70
玉　米	GB 3 级，籽粒，成熟	86.0	8.0	3.3	2.1	71.2	1.4	0.02	0.27	7.66
高　粱	GB 1 级，籽粒，成熟	86.0	9.0	3.4	1.4	70.4	1.8	0.13	0.36	6.61
小　麦	GB 2 级，混合小麦，籽粒，成熟	87.0	13.9	1.7	1.9	67.6	1.9	0.17	0.41	7.49
大麦(裸)	GB 2 级，裸大麦，籽粒，成熟	87.0	13.0	2.1	2.0	67.7	2.2	0.04	0.39	7.07
大麦(皮)	GB 1 级，皮大麦，籽粒，成熟	87.0	11.0	1.7	4.8	67.1	2.4	0.09	0.33	6.99
黑　麦	籽粒，进口	88.0	11.0	1.5	2.2	71.5	1.8	0.05	0.30	7.28

续表 4-4

饲料名称	饲料描述	干物质(%)	粗蛋白质(%)	粗脂肪(%)	粗纤维(%)	无氮浸出物(%)	粗灰分(%)	钙(%)	磷(%)	奶牛产奶净能(兆焦/千克)
稻　谷	GB 2 级，籽粒，成熟	86.0	7.8	1.6	8.2	63.8	4.6	0.03	0.36	6.44
糙　米	良，籽粒，成熟，未去米糠	87.0	8.8	2.0	0.7	74.2	1.3	0.03	0.35	8.08
碎　米	良，加工精米后的副产品	88.0	10.4	2.2	1.1	72.7	1.6	0.06	0.35	8.28
粟(谷子)	合格，带壳，籽粒，成熟	86.5	9.7	2.3	6.8	65.0	2.7	0.12	0.30	6.90
木薯干	GB 合格，晒干	87.0	2.5	0.7	2.5	79.4	1.9	0.27	0.09	6.90
甘薯干	GB 合格，晒干	87.0	4.0	0.8	2.8	76.4	3.0	0.19	0.02	6.61
次　粉	NY/T 2 级，黑面、黄粉、下面	87.0	13.6	2.1	2.8	66.7	1.8	0.08	0.52	7.36
小麦麸	GB 1 级，传统制粉工艺	87.0	15.7	3.9	8.9	53.6	4.9	0.11	0.92	6.23
米　糠	GB 2 级，新鲜，不脱脂	87.0	12.8	16.5	5.7	44.5	7.5	0.07	1.43	7.61
米糠饼	GB 1 级，机榨	88.0	14.7	9.0	7.4	48.2	8.7	0.14	1.69	6.65
米糠粕	GB 1 级，浸提或预压浸提	87.0	15.1	2.0	7.5	53.6	8.8	0.15	1.82	5.10

续表 4-4

饲料名称	饲料描述	干物质(%)	粗蛋白质(%)	粗脂肪(%)	粗纤维(%)	无氮浸出物(%)	粗灰分(%)	钙(%)	磷(%)	奶牛产奶净能(兆焦/千克)
大　豆	GB 2级，黄大豆，籽粒，成熟	87.0	35.5	17.3	4.3	25.7	4.2	0.27	0.48	9.29
大豆饼	GB 2级，机榨	87.0	40.9	5.7	4.7	30.0	5.7	0.30	0.49	7.87
大豆粕	GB 1级，浸提或预压浸提	87.0	46.8	1.0	3.9	30.5	4.8	0.31	0.61	7.90
大豆粕	GB 2级，浸提或预压浸提	87.0	43.0	1.9	5.1	31.0	6.0	0.32	0.61	7.28
棉籽饼	GB 2级，机榨	88.0	40.5	7.0	9.7	24.7	6.1	0.21	0.83	8.37
棉籽粕	GB 2级，浸提或预压浸提	88.0	42.5	0.7	10.1	28.2	6.5	0.24	0.97	6.82
菜籽饼	GB 2级，机榨	88.0	34.3	9.3	11.6	25.1	7.7	0.62	0.96	7.32
菜籽粕	GB 2级，浸提或预压浸提	88.0	38.6	1.4	11.8	28.9	7.3	0.65	1.07	6.44
花生仁饼	GB 2级，机榨	88.0	44.7	7.2	5.9	25.1	5.1	0.25	0.53	8.95
花生仁粕	GB 2级，浸提或预压浸提	88.0	47.8	1.4	6.2	27.2	5.4	0.27	0.56	7.61
向日葵仁饼	GB 3级，壳仁比35：65	88.0	29.0	2.9	20.4	31.0	4.7	0.24	0.87	5.56
向日葵仁粕	GB 2级，壳仁比16：84	88.0	36.5	1.0	10.5	34.4	5.6	0.27	1.13	6.32

续表 4-4

饲料名称	饲料描述	干物质(%)	粗蛋白质(%)	粗脂肪(%)	粗纤维(%)	无氮浸出物(%)	粗灰分(%)	钙(%)	磷(%)	奶牛产奶净能(兆焦/千克)
向日葵仁粕	GB 2 级,壳仁比 24∶76	88.0	33.6	1.0	14.8	33.3	5.3	0.26	1.03	6.28
亚麻仁饼	NY/T 2 级,机榨	88.0	32.2	7.8	7.8	34.0	6.2	0.39	0.88	6.69
亚麻仁粕	NY/T 2 级,浸提或预压浸提	88.0	34.8	1.8	8.2	36.6	6.6	0.42	0.95	7.07
芝麻饼	机　榨	92.0	39.2	10.3	7.2	24.9	10.4	2.24	1.19	8.20
玉米蛋白粉	玉米去胚芽、淀粉后的面筋部分,CP 60%	90.1	63.5	5.4	1.0	19.2	1.0	0.07	0.44	8.32
玉米蛋白粉	同上,中等蛋白产品,CP 50%	91.2	51.3	7.8	2.1	28.0	2.0	0.06	0.42	8.07
玉米蛋白粉	同上,中等蛋白产品,CP 40%	89.9	44.3	6.0	1.6	37.1	0.9	—	—	7.65
玉米蛋白料	玉米去胚芽、淀粉后的含皮残渣	88.0	19.3	7.5	7.8	48.0	5.4	0.15	0.70	7.03
玉米胚芽饼	玉米湿磨后的胚芽,机榨	90.0	16.7	9.6	6.3	50.8	6.6	0.04	1.45	—
玉米胚芽粕	玉米湿磨后的胚芽,浸提	90.0	20.8	2.0	6.5	54.2	5.9	0.06	1.23	—
粉浆蛋白粉	蚕豆去皮制粉丝后的浆液,脱水	88.0	66.3	4.7	4.1	10.3	2.6	—	0.59	5.94
麦芽根	大麦芽副产品,干燥	89.7	28.3	1.4	12.5	41.4	6.1	0.22	0.73	—

续表 4-4

饲料名称	饲料描述	干物质(%)	粗蛋白质(%)	粗脂肪(%)	粗纤维(%)	无氮浸出物(%)	粗灰分(%)	钙(%)	磷(%)	奶牛产奶净能(兆焦/千克)
鱼　粉	进口鱼粉,7样平均值	90.0	64.5	5.6	0.5	8.0	11.4	3.81	2.83	6.90
鱼　粉	进口鱼粉,8样平均值	90.0	62.5	4.0	0.5	10.0	12.3	3.96	3.05	6.78
鱼　粉	沿海区产的海鱼粉,脱脂	90.0	60.2	4.9	0.5	11.6	12.8	4.04	2.90	6.94
鱼　粉	山东、浙江等产小鱼,脱脂	90.0	53.5	10.0	0.8	4.9	20.8	5.88	3.20	5.09
血　粉	鲜猪血,喷雾干燥	88.0	82.8	0.4	0.0	1.6	3.2	0.29	0.31	—
羽毛粉	纯净羽毛,水解	88.0	77.9	2.2	0.7	1.4	5.8	0.20	0.68	5.44
皮革粉	废牛皮,水解	88.0	77.6	0.8	1.7	—	11.3	4.40	0.15	5.36

表 4-5　奶牛常用青、粗、多汁饲料营养成分与营养价值

饲料名称	干物质(%)	粗蛋白质(%)	粗纤维(%)	钙(%)	磷(%)	产奶净能(兆焦/千克)
青割大麦	15.7	2.0	4.7	0.09	0.05	0.92
甘薯藤	13.0	2.1	2.5	0.20	0.05	0.67
甘蓝包叶	12.30	1.40	1.40	—	0.05	1.00
黑麦草	19.20	3.30	4.80	0.15	0.05	1.30
黑麦草(抽穗期)	22.80	1.70	6.80	—	—	1.09

续表 4-5

饲料名称	干物质(%)	粗蛋白质(%)	粗纤维(%)	钙(%)	磷(%)	产奶净能(兆焦/千克)
花生秧	29.30	4.50	6.20	—	—	1.34
聚合草(现蕾期)	9.60	2.60	1.10	0.17	0.05	0.50
萝卜叶	10.60	1.90	0.90	0.04	0.01	0.54
马铃薯秧(后花期)	10.10	2.70	2.50	0.23	0.02	0.38
苜蓿(盛花期)	26.20	3.80	9.40	0.34	0.01	1.09
苜蓿(花前期)	14.20	3.70	2.60	0.13	0.03	1.05
苜　蓿	20.20	3.60	6.50	0.47	0.06	1.05
雀麦草(无芒)	20.40	5.70	4.70	0.13	0.07	1.38
三叶草(现蕾)	11.40	1.90	2.10	—	—	0.79
三叶草(初花)	13.90	2.20	3.30	—	—	0.88
沙打旺	14.90	3.50	2.30	0.20	0.05	0.92
苕子(现蕾)	15.0	4.00	4.20	—	—	0.92
苕子(初花)	15.0	3.20	4.90	—	—	0.92
苏丹草(拔节)	18.5	1.9	5.40	0.08	0.63	1.09
苏丹草(抽穗)	19.7	1.7	6.20	—	—	1.17
象　草	20.0	2.0	7.0	0.05	0.02	1.26
野青草(狗尾草)	25.3	1.1	7.1	—	0.12	0.38
野青草	18.9	3.2	5.7	0.04	0.03	1.05
青割玉米	17.6	1.5	5.8	0.09	0.05	1.05
紫云英	13.0	2.9	2.5	0.18	0.07	0.92
青贮冬大麦	20.2	2.6	6.6	0.05	0.03	1.26
青贮甘薯藤(秋)	33.1	2.0	6.1	0.46	0.15	1.42

续表 4-5

饲料名称	干物质（%）	粗蛋白质（%）	粗纤维（%）	钙（%）	磷（%）	产奶净能（兆焦/千克）
青贮胡萝卜叶	19.7	3.1	5.7	0.35	0.03	—
青贮甘薯藤	18.3	1.7	4.5	—	—	—
青贮甜菜叶	37.5	4.6	7.4	0.39	0.10	—
青贮玉米(收获后)	25.0	1.4	8.9	0.10	0.02	0.59
青贮玉米	25.6	2.1	6.4	0.08	0.06	1.84
青贮玉米	22.7	1.6	6.3	0.10	0.06	1.13
青贮苜蓿(盛花)	33.7	5.3	12.8	0.50	0.10	1.42
甘　薯	90.0	3.9	2.3	0.15	0.12	8.20
胡萝卜	12.0	1.1	1.2	0.15	0.09	1.13
萝　卜	7.0	0.9	0.7	0.05	0.03	0.59
马铃薯	22.0	1.6	0.7	0.02	0.03	1.92
南　瓜	10.0	1.0	1.2	0.04	0.02	0.88
甜　菜	15.0	2.0	1.7	0.06	0.04	0.88
芜菁甘蓝	10.0	1.0	1.3	0.06	0.02	0.92
西瓜皮	6.6	0.6	1.3	0.02	0.02	4.69
草木樨	88.3	16.8	27.9	2.42	0.02	3.68
苜蓿青干草(上等)	86.14	15.8	25.0	2.08	0.25	4.60
苜蓿青干草(中等)	90.1	15.2	37.9	1.43	0.24	3.64
苜蓿青干草(下等)	88.7	11.6	43.3	1.24	0.39	3.35
披碱草	94.9	7.7	44.4	0.30	0.01	3.51
雀麦草	93.2	10.3	30.8	—	—	3.81
苕　子	87.3	23.0	24.2	1.13	0.31	5.52

续表 4-5

饲料名称	干物质(%)	粗蛋白质(%)	粗纤维(%)	钙(%)	磷(%)	产奶净能(兆焦/千克)
羊　草	91.6	7.4	29.4	0.37	0.18	4.23
野青干草(秋白草)	85.2	6.8	27.5	0.41	0.31	3.35
野青干草(禾本科野草)	93.1	7.4	26.1	0.61	0.39	4.02
野青干草(杂草)	84.0	3.3	29.0	0.03	0.02	3.39
紫云英(初花)	90.8	25.8	11.8	—	—	6.53
紫云英(盛花)	88.0	22.2	19.5	3.63	0.53	5.98
紫云英(结荚)	90.8	19.4	22.2	—	—	5.10
大麦秸	88.4	4.9	33.0	0.05	0.06	2.59
稻　草	89.4	2.5	24.1	0.07	0.05	3.31
稻　草	90.3	6.2	27.0	0.56	0.17	—
小麦秸	89.6	5.6	31.9	0.05	0.06	—
小麦秸	91.6	2.8	40.9	0.26	0.03	2.13
玉米秸(蜡熟)	90.0	5.9	24.9	—	—	5.48
玉米秸	91.3	8.5	23.1	0.39	0.23	5.52
玉米秸(乳熟)	91.6	6.6	25.2	0.08	0.12	5.65
甘薯藤	88.0	8.1	28.5	1.55	0.11	4.06
谷　草	90.7	4.5	32.6	0.34	0.08	3.85
花生藤	90.0	12.9	22.1	1.32	0.07	5.06
花生藤	91.3	11.0	29.6	2.46	0.04	4.60

四、奶牛的饲养标准

我国奶牛的饲养标准见表 4-6 至表 4-8。

表 4-6　成年母牛维持的饲养标准

体重（千克）	日粮干物质（千克）	奶牛能量单位（NND）	产奶净能（兆焦）	可消化粗蛋白质（克）	粗蛋白质（克）	钙（克）	磷（克）	胡萝卜素（毫克）	维生素 A（单位）
350	5.02	9.17	28.79	243	374	21	16	37	15000
400	5.55	10.13	31.80	268	413	24	18	42	17000
450	6.06	11.07	34.73	293	451	27	20	48	19000
500	6.56	11.97	37.57	317	488	30	22	53	21000
550	7.04	12.88	40.38	341	524	33	25	58	23000
600	7.52	13.73	43.10	364	559	36	27	64	26000
650	7.98	14.59	45.77	386	594	39	30	69	28000
700	8.44	15.43	48.41	408	628	42	32	74	30000
750	8.89	16.24	50.96	430	661	45	34	79	32000

注：1. 第一个泌乳期的维持需要在上表基础上增加 20%，第二个泌乳期增加 10%

2. 如第一个泌乳期的年龄和体重过小，应按生长牛的需要计算实际增重的营养需要

3. 放牧运动时，需在上表基础上增加能量需要量

4. 在环境温度低的情况下，维持能量消耗增加，需在上表基础上增加需要量

5. 泌乳期间，每增重 1 千克体重需增加 8NND 和 500 克粗蛋白质，每减重 1 千克需扣除 6.56NND 和 385 克粗蛋白质

表 4-7　每产 1 千克奶的饲养标准

乳脂率（%）	日粮干物质（千克）	奶牛能量单位（NND）	产奶净能（兆焦）	可消化粗蛋白质（克）	粗蛋白质（克）	钙（克）	磷（克）
2.5	0.31～0.35	0.80	2.51	44	68	3.6	2.4
3.0	0.34～0.38	0.87	2.72	48	74	3.9	2.6

续表 4-7

乳脂率（%）	日粮干物质（千克）	奶牛能量单位（NND）	产奶净能（兆焦）	可消化粗蛋白质（克）	粗蛋白质（克）	钙（克）	磷（克）
3.5	0.37～0.41	0.93	2.08	52	80	4.2	2.8
4.0	0.40～0.45	1.00	3.14	55	85	4.5	3.0
4.5	0.46～0.49	1.06	3.35	58	89	4.8	3.2
5.0	0.46～0.52	1.13	3.52	63	97	5.1	3.4
5.5	0.49～0.55	1.19	3.72	66	102	5.4	3.6

表 4-8　母牛妊娠最后 4 个月的饲养标准

体重（千克）	妊娠月份	日粮干物质（千克）	奶牛能量单位（NND）	产奶净能（兆焦）	可消化粗蛋白质（克）	粗蛋白质（克）	钙（克）	磷（克）	胡萝卜素（毫克）	维生素A（单位）
350	6	5.78	10.51	32.97	293	451	27	18	67	27000
	7	6.28	11.44	35.90	337	518	31	20	67	27000
	8	7.23	13.17	41.34	409	629	37	22	67	27000
	9	8.70	15.84	49.54	505	777	45	25	67	27000
400	6	6.30	11.47	35.99	318	489	30	20	76	30000
	7	6.81	12.40	38.92	362	557	34	22	76	30000
	8	7.76	14.13	44.36	434	668	40	24	76	30000
	9	9.22	16.80	52.72	530	815	48	27	76	30000
450	6	6.81	12.40	38.92	343	528	33	22	86	34000
	7	7.32	13.33	41.84	387	595	37	24	86	34000
	8	8.27	15.07	47.28	459	706	43	26	86	34000
	9	9.73	17.73	55.65	555	854	51	29	86	34000

续表 4-8

体重（千克）	妊娠月份	日粮干物质（千克）	奶牛能量单位（NND）	产奶净能（兆焦）	可消化粗蛋白质（克）	粗蛋白质（克）	钙（克）	磷（克）	胡萝卜素（毫克）	维生素 A（单位）
500	6	7.31	13.32	41.48	367	565	36	25	95	38000
	7	7.82	14.25	44.73	411	632	40	27	95	38000
	8	8.78	15.99	50.17	483	743	46	29	95	38000
	9	10.24	18.65	58.54	579	891	54	32	95	38000
550	6	7.80	14.20	44.56	391	602	39	27	105	42000
	7	8.31	15.13	47.49	435	669	43	29	105	42000
	8	9.26	16.87	52.93	507	780	49	31	105	42000
	9	10.72	19.53	61.30	603	928	57	34	105	42000
600	6	8.27	15.07	47.28	414	637	42	29	114	46000
	7	8.78	16.00	50.21	458	705	46	31	114	46000
	8	9.73	17.73	55.65	530	815	52	33	114	46000
	9	11.20	20.40	64.02	626	963	60	36	114	46000
650	6	8.74	15.92	49.06	436	671	45	31	124	50000
	7	9.25	16.85	52.89	480	738	49	33	124	50000
	8	10.21	18.59	58.33	552	849	55	35	124	50000
	9	11.67	21.24	66.70	648	997	63	38	124	50000
700	6	9.22	16.76	52.60	458	705	48	34	133	53000
	7	9.71	17.69	55.53	502	772	52	36	133	53000
	8	10.67	19.48	60.97	574	883	58	38	133	53000
	9	12.13	22.09	69.33	670	1031	66	41	133	53000
750	6	9.65	17.57	55.15	480	738	51	36	143	57000
	7	10.16	18.51	53.08	524	806	55	38	143	57000
	8	11.11	20.24	63.52	596	917	61	40	143	57000
	9	12.58	22.91	71.89	692	1065	69	43	143	57000

注：1. 干奶期间按上表计算营养需要

2. 妊娠第六个月如未干奶，除按上表计算营养需要外还应加产奶的营养需要

五、犊牛的饲养管理

(一)犊牛的饲养

1. 哺喂初乳 现代奶牛养殖生产中，犊牛出生后即与母牛隔离饲养，实行人工哺乳。犊牛出生后，应在30分钟内喂给初乳，最迟不宜超过1小时，并根据初生犊牛的体重和健康状况，确定初乳哺喂量。原则上首次喂量要大，至少应饲喂2千克，并在出生后6小时左右饲喂第二次，以便让犊牛在出生后12小时内获得足够的母源抗体。出生的当天(即出生后24小时内)要饲喂3～4次初乳，以后每日饲喂3次，连续饲喂4天，第五天以后犊牛可以逐渐转喂常乳。

哺喂初乳可采用装有橡胶奶嘴的奶壶或奶桶。由于犊牛有抬头伸颈吮吸母牛乳头的本能，因此以吊挂奶壶哺喂犊牛较为适宜。目前，许多奶牛场限于设备条件多采用奶桶哺喂犊牛，但要使犊牛习惯从桶里吮乳，需进行调教。最简单的调教方法是将洗净的中指和食指蘸些奶，让犊牛吮吸，然后顺势将手指逐渐放入装有牛奶的桶内，使犊牛在吮吸手指的同时吮取桶内的牛奶，经3～4次训练后，犊牛即可习惯桶饮，但瘦弱的犊牛需要较长时间的耐心调教。喂奶设备每次使用后应清洗干净，以最大限度降低细菌的生长，避免疾病的传播。

挤出的初乳应立即哺喂犊牛，如奶温下降，需经水浴加热至38℃～39℃再喂给犊牛。饲喂过凉的初乳是造成犊牛腹泻的重要原因。相反，如奶温过高，犊牛会因过度刺激而发生拒食，甚至可引起口炎、胃肠炎等疾病。初乳切勿用明火直接加热，以免乳温过高发生凝固。多余的初乳可放入干净的带盖容器内，并保存在低温环境中。在每次哺喂初乳1～2小时之后，应让犊牛饮用温开水(35℃～38℃)1次。

2. 初乳的保存与利用 饲喂犊牛后剩余的初乳可进行冷冻保存，初乳中的抗体在低温下可较长时间地保持活性，这也是保证奶牛场随时获得高品质初乳的有效措施。剩余初乳一般可按2千克为单位分装冷冻保存，使用时用40℃～50℃的水浴来解冻。通常在下列情况下，应使用冷冻初乳饲喂犊牛：①母牛产出的初乳稀薄或呈水样；②母牛产出的初乳中含血；③母牛患乳房炎时；④产犊母牛是新购进的或是初产年轻母牛；⑤母牛产犊前仍在挤奶或产前有严重初乳遗漏现象。

近年来，国内外广泛推广发酵初乳替代全奶哺喂犊牛，其制作方法可分为自然发酵和定向发酵2种。

(1)自然发酵 把剩余的新鲜初乳过滤后倒入消毒后的塑料桶内(不宜用金属桶)，盖上桶盖，放在室内阴凉处任其自然发酵。注意装填初乳时不要超过桶容积的2/3，以免发酵后溢出。为了防止乳脂与乳清分离，每天应搅拌1次。一般室温在10℃～15℃时，5～7天即可完成发酵；室温在15℃～20℃时，3～4天即可；室温在20℃～25℃时，2天左右即可；室温在25℃～30℃时，1天即可；室温在30℃以上时，8～12小时即可。

(2)定向发酵 新鲜初乳过滤后水浴加热至70℃～80℃，持续5～10分钟后停止加热，待其冷却至40℃左右时，倒入消毒后的塑料桶内，按5%～7%的比例加入发酵剂，搅拌均匀后及时盖上桶盖，以后每天搅拌1次。当室温在10℃～15℃时，2天左右即可完成发酵；室温在20℃～25℃时，1天即可；室温在25℃～30℃时，12小时即可；室温在

30℃～35℃时，4 小时左右即可。

发酵最适宜的温度为 10℃～12℃。温度过高初乳易酸败；温度过低初乳不易搅匀，甚至发生凝冻。当夏季气温达 32℃时，为了防止腐败菌的繁殖，可加入 0.3%甲酸或 0.7%醋酸，也可使用 1%丙酸，将初乳 pH 值调至 4.6。

发酵好的初乳均匀稠密、呈豆腐脑状，色微黄，有乳酸香味，没有乳清析出(自然发酵可允许有少量乳清析出)，酸度为 80°T～100°T。

发酵初乳在饲喂前应先搅拌均匀，然后取出需要量加入 80℃左右的热水，将奶温调至 38℃再进行饲喂(乳水比例一般为 2～3∶1)。个别犊牛在第一次喂给发酵初乳时，可能会产生不适应现象，为使其尽快适应，可在发酵初乳中掺入一些鲜奶或 0.5%碳酸氢钠，以改善适口性。

制作发酵初乳时，挤奶要卫生，尽量避免一切可能的污染；含有抗生素的初乳不能用于制作发酵初乳，因为抗生素会干扰发酵过程；发酵初乳的保存时间一般为 2～3 周，气温高时，保存时间更短，宜在 1～2 周内喂完。有异味或变质的发酵初乳应禁止饲喂犊牛。

3. 犊牛补饲和早期断奶 传统的犊牛哺喂方案是 5～6 个月的哺乳期哺乳量达到 600～800 千克。实践证明，过多的哺乳量和过长的哺乳期，虽然犊牛增重较快，但对犊牛的消化器官发育不利，而且加大了犊牛培育成本。所以，目前许多奶牛场已在逐渐减少哺乳量，缩短哺乳期。一般全期哺乳量约 300 千克，哺乳期 2 个月左右。比较先进的奶牛场，哺乳期 35～45 天，哺乳量在 200 千克左右。缩短哺乳期，减少哺乳量的犊牛，虽然断奶前的体重增长较慢，但只要精心饲养，在断奶前调整好采食精饲料的能力，并在断奶后注意精饲料和青、粗饲料的数量和品质，犊牛在早期受滞的体重可在后期得到补偿，不影响其配种、繁殖以及投产后的产奶性能。

（1）犊牛的补饲　犊牛出生后1周即可训练其采食精饲料，10天左右可训练其采食青干草。训练犊牛采食精饲料时，可用大麦、豆饼等磨成细粉，并加入少量食盐拌匀。每日每头15～25克，用开水冲成糊粥，混入牛奶中饲喂，以后逐渐加量。

（2）犊牛的早期断奶　早期断奶，可节约商品奶和劳动力，降低犊牛培育成本和犊牛死亡率，促进犊牛消化器官迅速发育，并可充分发挥母牛的生产力。现在国内外早期断奶方案大多是应用人工乳或代乳料代替全乳来进行。经大量研究表明，应用科学的早期断奶方案，使犊牛哺乳期缩短为3～5周，全乳饲喂量控制在100千克以内，甚至减少到20千克，是完全可以办到的。下面介绍犊牛早期断奶的关键技术。

①人工乳的配制　人工乳是以乳业副产品为主要原料生产的商品饲料。一般配制方法是将一定比例的动物脂肪、植物油、磷脂类、糖类、维生素和矿物质等加入脱脂奶粉中配成与全乳营养成分相似，能被犊牛消化利用的人工奶。其主要营养指标是：粗蛋白质含量不低于20%，脂肪含量不低于10%，粗纤维含量低于5%，并含有丰富的维生素和矿物质。利用脱脂奶粉提供乳蛋白成本昂贵，而且来源短缺。因此，经过研究，用大豆蛋白代替乳蛋白，取得了满意的效果。具体方法是将大豆粉经过0.05%氢氧化钠溶液处理后，在37℃下放置7小时，然后用盐酸中和至中性，再同其他原料混合，经巴氏灭菌后冷却至35℃，按犊牛体重的10%喂给。具体配方见表4-9。

表 4-9 人工乳配方

原 料	每 50 千克人工乳含量(千克)
豆 粉	5
氢化植物油	0.75
乳 糖	1.46
含 5%金霉素溶液	0.008
蛋氨酸	0.044
微量元素	0.037
丙酸钙	0.304
混合维生素	0.124

②代乳料的配制 代乳料是根据犊牛营养需要以精饲料为原料配制而成,它是犊牛由采食人工乳为主向完全采食植物性饲料过渡的中间饲料,通常也称犊牛开食料。它具有适口性强、易消化和营养丰富的特点。代乳料通常为粉状,也可制成粒状,但粒不宜过大,一般以直径 0.32 厘米为宜。代乳料中蛋白质含量应不低于 16%～18%,粗脂肪含量不低于 7.5%～12.5%,干物质应在 72%～75%,粗纤维不应高于 6%～7%。乳用犊牛只能使用低脂肪代乳料。下面介绍几个国家和地区的代乳料配方(表 4-10)。

表 4-10 代乳料配方示例 (%)

原 料	日 本	美国伊俄诺大学	美国庆俄华大学	澳大利亚(自制)	中国黑龙江省粮油公司	
					配方Ⅰ	配方Ⅱ
豆 饼	20～30	23	17	20	29	20
亚麻饼	—	—	15	—	10	10
玉 米	40	40	16.5	48	30	25

续表 4-10

原料	日本	美国伊俄诺大学	美国庆俄华大学	澳大利亚（自制）	中国黑龙江省粮油公司	
					配方Ⅰ	配方Ⅱ
高粱	—	—	—	—	—	10
燕麦	5～10	25	20	20	20	—
小麦麸	—	—	10	—	10	10
鱼粉	5～10	—	10	8	10	—
糖蜜	4	8	5	3	—	10
苜蓿草粉	3	—	5	—	—	5
油脂	5～10	—	—	—	—	—
维生素 A	5000 单位/千克	5000 单位/千克	5000 单位/千克	5000 单位/千克	5000 单位/千克	5000 单位/千克
矿物质	2～3	4	1.5	1	3	5

一般情况下代乳品应以液体形式喂给犊牛，以提高营养物质的利用率，并能避免犊牛腹泻。

研究表明，淀粉经糊化可代替 2 月龄以下犊牛代乳料中 15%的干物质，但代乳料中总碳水化合物不可过多，以免在大肠内发酵造成犊牛腹泻。

③早期断奶方案　犊牛出生后 5～7 日应充分哺喂初乳，20 日龄内以牛奶为主，之后迅速减少全乳量。从第八天开始饲喂人工乳或代乳料和青干草（自由采食），到 30～42 日龄如果日采食精料量达到 1～1.2 千克时，即可断奶。

根据我国目前奶牛饲养实际情况，乳用犊牛总喂奶量在 200 千克以内，并在 2 月龄断奶，可视为早期断奶。

北京市北郊农场 45 日龄犊牛早期断奶方案见表 4-11。

表 4-11 北京市北郊农场 45 日龄犊牛早期断奶方案

项　目	8～10	11～30	31～45	46～60	61～75	76～90	合　计
哺乳量(千克/天)	4.5	3.875	2.67	—	—	—	162.5
代乳料(千克/天)	0.25(5 日龄开始)	0.375	1	1.58	2.08	2.42	115

步骤：犊牛出生至 7 日龄饲喂初乳，8 日龄起饲喂常乳，由 11 日龄起将每日喂奶 3 次改为 2 次。从 5 日龄起，训练犊牛采食代乳料与优质青干草混合而成的潮湿饲料。

代乳料饲喂量：1 月龄喂至 0.375 千克；45 日龄喂至 1 千克左右；以后逐渐增加至 2.5 千克左右。犊牛 3～6 月龄，每日每头犊牛喂给普通混合精饲料 2.5 千克，自由采食优质青干草和青贮饲料。在哺乳期间让犊牛饮水，45 日龄前每日供给 30℃温水 1～2 升，天气炎热时适当加量。如饮水不足犊牛会发生急性臌胀，很快死亡。

内蒙古农牧学院 42 日龄犊牛早期断奶方案：犊牛出生后 10 天内，用其母所产的初乳进行哺喂。从 11～42 日龄每天分早、晚 2 次饲喂 3 千克全乳，奶温控制在 38℃。从 11 日龄开始，自由采食犊牛料和青干草。42 日龄断奶，只喂犊牛料和青干草。11～42 日龄共饲喂犊牛料 17.71 千克，日平均饲喂 0.54 千克；青干草 1.55 千克，日平均饲喂 0.05 千克。43～91 日龄，共饲喂犊牛料 125.59 千克，日平均饲喂 2.56 千克；青干草 11.13 千克，日平均饲喂 0.23 千克。每日每头供水 1～2 升，冬季需将水加温至 30℃。

(二)犊牛的管理

1. 哺乳卫生　犊牛进行人工喂养时，要做到四定，即定时、定量、定温、定人。要切实注意哺乳用具的卫生，每次用后，要及时洗净消毒，妥善放置。饲槽用后也要刷洗干净，定期消毒。

每次喂奶完毕，要使用干净毛巾将犊牛口、鼻周围残留的乳汁擦干，防止犊牛互舔而养成“舔癖”。“舔癖”的危害很大，常使被舔犊牛发生脐炎、乳头炎或睾丸炎，以致其丧失种用价值或降低其生产性能。同时，有“舔癖”的犊牛，容易食入牛毛，在瘤胃中形成许多扁圆形的毛球，这些大小不一的毛球往往堵塞食管、贲门或幽门而致犊牛死亡。

2. 栏舍卫生 犊牛出生后应及时放入消毒好的育犊舍内，隔离管理。之后可转到犊牛栏中，集中管理。牛栏和牛床均要保持清洁干燥，铺上垫草，并做到勤打扫、勤更换垫草。牛栏地面、围栏、墙壁等都应保持清洁，定期消毒。舍内要有适当的通风装置，保持舍内阳光充足，通风良好，空气新鲜，冬暖夏凉。切忌将犊牛放入阴、冷、湿、脏和忽冷忽热的牛舍中饲养。

3. 运动 犊牛出生 1 周后，根据天气状况可放入运动场中自由活动，以后随日龄增加运动时间，一般每天不少于 4 小时。保证犊牛充足的运动时间，对促进其生长发育，提高新陈代谢，改善血液循环和肺部发育以及增大胃肠容积，均有良好的作用。

4. 刷拭 刷拭可保持牛体清洁，促进血液循环，又可调教犊牛。因此，每天应刷拭犊牛 1～2 次。刷拭时要用软刷，手法要轻，使牛有舒适感。

5. 保健护理 平时应注意观察犊牛的精神状态、食欲、粪便、体温和行为有无异常。犊牛发生轻微腹泻时，应减少喂奶量，并在奶中加 1～2 倍的水，可用碳酸氢钠、氯化钠、氯化钾、硫酸镁按 1∶2∶6∶2 的比例进行治疗。腹泻严重时，应暂停喂奶1～2次，同时饮用温开水，并口服氟哌酸2.5克、乳酶生2克、酵母片5克，每日3次，连用3～5天。发生轻度肺炎时，可采用每千克体重肌注青霉素13 000～14 000单位、链霉素30 000～35 000单位，每日2次。如较严重可采用每千克体重静脉注射磺胺二甲基嘧啶70毫克、维生素C 10毫克、维生素B_1 30～50毫克、5%生理盐水500～1 500毫升，每日2～3次。犊牛腹泻和肺炎，对犊牛威胁很大，要认真预防和治疗。

6. 去角 犊牛出生后10天以内应去角，以便于管理。而且早去角流血少、痛苦小、不易发炎。去角的牛比较安静，可以减少争斗时的伤害，吃奶时也不易刮伤母牛乳房，而且去角后所需饲养空间和运输空间较小，对人对牛都安全。

(1)去角的方法

①固体苛性钠去角法 10日龄前把犊牛放倒、保定，剪去角周围的毛，角周围皮肤上涂抹凡士林，以防药液流出，伤及头部或眼睛。然后用苛性钠棒(锭)蘸水在剪毛处涂抹直至皮肤发红但未出血为止，面积约1.6平方厘米。经1周左右时间，涂抹部位所结的痂皮即可脱落。使用本法去角时应注意2点：一是下雨天应将犊牛关入舍内，以免雨水将苛性钠冲入眼中；二是正在哺乳的犊牛，施行手术后应隔离4～5小时后才能到母牛处哺乳，以防苛性钠腐蚀母牛乳房和皮肤。

②电烙铁去角法 1月龄以内的犊牛可用200～300瓦电烙铁加热后，牢牢按压在角基部，一直到其下部组织烧得光亮为止。烧烙时不宜太深、太久，以免烧伤下层组织。一般时间不超过1分钟。

③锯角法 需在犊牛1岁以后角不再生长时进行。锯角时使用的锯有2种，一种是骨锯或钢锯，另一种是钢丝锯，较细长(30～40厘米)，使用时将两头固定在木把上，然后套在

角上，在靠近皮肤处锯掉。锯角时牛头要保定，最好用麻醉剂注射于角眼间。锯角时动作宜快，不可将角锯碎，避免角渣掉进伤口。锯角后可用脱脂棉浸满松馏油堵于伤口防蝇止血，如出血多可用烙铁烧烙止血。如下雨，应将去角后的犊牛关在舍内。

(2)去角时的注意事项　犊牛早期去角比较容易和彻底。去角后的犊牛要隔离饲养，防止互相舔舐。去角时间以早春或晚秋较好，夏、秋季节要注意防止发炎和化脓，去角后应及时采取消炎措施。去角设备应彻底消毒。

7. 切副乳头　为了便于机器挤奶，犊牛在1～2月龄时应切除副乳头。

8. 分群管理　每月测体重1次，大规模饲养时，作为后备奶牛的母犊牛出生后应及时编号，这是建立奶牛档案的基础。满6月龄时测体尺、体重，转入育成群饲养。

生产实践中，养好犊牛的关键是：喂好初乳，控制奶温，适当补料；掌握天气变化情况，防止感冒；经常运动，勤扫粪尿；兽医、饲养员合作，互通情报，发现疾病，及时治疗。

六、育成牛的饲养管理

(一)育成牛的生长发育特点

育成牛是指6月龄至初次产犊前的生长发育期的牛。育成牛生长发育旺盛，尤其是骨骼组织和肌肉组织，体型变化较快。内脏器官功能日趋发达和完善，前胃容积迅速扩大。性器官和第二性征发育很快。因此，此阶段应充分满足其营养需要，同时应注意精、粗饲料比例，给予充足的优质粗饲料，尤其是青干草，以刺激其瘤胃的快速发育。

（二）育成牛的营养需要

育成牛的营养需要见表 4-12。

表 4-12　育成牛的营养需要

项　目	月　龄			
	4～6	7～12	13～18	19～22
	体重（千克）			
	136	250	365	500
干物质采食量（千克/天）	3.2～4.1	5.5～7.3	7.7～9.5	10～11.8
代谢能（兆焦/千克干物质）	10.3～11.2	9.4～10.3	9.1～9.5	8.8～9.1
粗蛋白质（%）	15～16	14～15	13	12
钙（%）	0.6～0.75	0.5～0.6	0.5～0.6	0.4～0.5
磷（%）	0.35～0.40	0.32～0.35	0.28～0.32	0.27～0.30
矿物盐（%）	0.25	0.25	0.25	0.25
酸性洗涤纤维（%）	19	19	22	24
粗料比率（%）	20～60	30～90	40～100	40～100
维生素 A（单位/千克干物质）	2200	2200	2200	2200
维生素 D（单位/千克干物质）	300	300	300	300

（三）育成牛的饲养

犊牛满 6 月龄即转入育成牛群。育成牛是生长发育最旺盛的阶段，此阶段的饲养对其以后的生产性能、繁殖性能和健康关系很大。

育成牛阶段的培育目标是保证育成牛的正常生长发育，培养温驯的性情和适时配种，尽早投入生产。这就要求控制育成牛体况，重点是防止过肥。一般要求11～12月龄达到性成熟时体重在270千克左右，16～18月龄体重达到340～380千克，日增重为600～700克。据研究报道，在育成牛的生长发育阶段存在一个临界期，大型品种为活重90～300千克，小型品种为60～210千克。当营养水平过高而使该时期日增重分别超过700克和500克时，母牛第一胎分娩后产奶量降低。临界期以后，如果提高营养水平而使增重超过此限，产奶量反而可以提高。其原因是在临界期，高营养水平培育下的育成母牛乳腺组织含量永久减少，同时还可以导致生乳素的减少，从而使产奶量降低。育成牛喂得过肥，还会使受胎率下降，抵抗力也差。当然，在避免育成牛过肥的前提下，也要保证充足的营养。如果营养不足，则生长迟滞，发情配种延迟。另外，要给育成牛提供充足的青干草，以刺激瘤胃的发育，增大瘤胃容积，便于以后能食入大量饲料，满足产奶需要。

（四）育成牛的管理

1. 按性别和年龄组群 每群以40～50头为宜。将年龄和体格大小相近的牛饲养在一起，最好是月龄差异不超过1.5～2个月，活重差异不超过25～30千克。

2. 制订生长计划 根据不同品种、年龄的生长发育特点以及饲草、饲料供给的情况，确定不同日龄的日增重幅度，制订出生长计划。

3. 加强运动 在舍饲条件下，每天至少要有2小时以上的驱赶运动。在放牧和野营管理的时候，每天需要运动4～6小时。

4. 放牧 在进行放牧时，要建立草库区，即将草场分为若干小区，每一小区放牧1～3天，小区中架设电网或用带刺的铁丝围栏。

5. 适时配种 公、母犊合群饲养时间以4～6个月为限，以后应分群饲养。注意观察每头育成母牛的初情期，以便准确把握配种时机。对长期不发情的母牛，请人工授精员或兽医进行检查。16～18月龄达到350～370千克配种体重时开始配种。当母牛尚未达到一定体重时即配种受胎，在分娩后母牛除支付产奶的营养外，没有足够的营养用于增重，从而导致成年后体重过低。相反，若配种过晚，虽第一胎产奶量较配种早的母牛稍多，但终生产奶量低。

6. 按摩乳房 育成牛配种后在妊娠中、后期，乳腺组织正处于高度发育阶段，此时按摩乳房或用温水清洗乳房，可促进乳腺发育，对提高产奶量十分有益，并可为产后易于挤奶打下良好的基础。12月龄以后，每天应按摩1次乳房，每次3～5分钟，以促进乳房的发育。

7. 刷拭牛体 在育成期的饲养管理中，每天都要刷拭牛体。通过刷拭可以保持牛体清洁，促进血液循环，还可起到调教的作用，培养其温驯的性情。因此，每天应刷拭1～2次。刷拭时要用软刷，手法要轻，使牛有舒适感。

对妊娠前期的母牛仍然可以按育成牛进行饲养，但饲养管理要更加耐心、仔细，要经常刷拭牛体，按摩乳房至产前半月时停止，严禁试挤奶，要给予充足的运动时间。着重注意清除造成流产的隐患，如冬季勿饮冰水，防止牛舍地面结冰，上、下槽不急赶，不喂发霉、冰冻、变质饲料等。

七、泌乳牛的饲养管理

奶牛饲养管理的主要任务是为人们提供量多、质优的奶和肉，同时要处理好产奶与健康和繁殖两方面的关系。因此，创高产、保健康、保繁殖是奶牛饲养管理的中心内容。

（一）泌乳牛的一般饲养管理

1. 注意日粮的类型与质量

（1）日粮应有合理的精、粗饲料比例　粗饲料给量按干物质计算要达到母牛活重的1%～1.5%；而精饲料的给量取决于产奶量的高低，一般为每产1千克牛奶饲喂100～300克。泌乳牛的日粮中还应含有高质量的青绿多汁饲料和豆科青干草，其所供给的干物质应占日粮干物质的60%左右。在有条件的地区，夏季泌乳牛最好采用舍饲和放牧相结合的管理办法。放牧对机体有良好作用，可以保证泌乳牛有充足的运动和日照，促进其新陈代谢，改善其繁殖功能，提高产奶量。另外，牧草中含有丰富的粗蛋白质、必需氨基酸、维生素、酶和各种微量元素，而且其中的叶绿素可以活化奶牛的造血功能。如果缺少放牧条件或青绿饲料供给不足，则舍饲泌乳牛必须补充优质的青贮饲料、半干青贮饲料、青干草和精饲料。

高产奶牛的日粮中应有较多的精饲料。年产奶3 000千克的母牛，日粮中精饲料的比例为15%～20%；年产奶3 000～4 000千克的母牛为20%～25%；年产奶4 000～5 000千克的母牛为25%～35%；年产奶5 000～6 000千克的母牛为40%～50%。当粗饲料品质优良时，精饲料比例可取下限；粗饲料品质不良时，则必须取上限。

（2）日粮应有良好的适口性和多样性　泌乳牛的日粮必须是由多种适口性良好的饲料配合而成的全价饲料，日粮组成必须达到多样化和适口性好。最好由2种以上的粗饲料（青干草、稿秆、青贮饲料）、2～3种多汁饲料（青贮饲料和块根、块茎类饲料)以及4～5种以上的精饲料组成。精饲料应混合均匀或加水烫成粥状后再饲喂,为了增加适口性可以添加甜菜渣、糖蜜和淀粉,这在使用非蛋白氮饲料的配合日粮时尤为重要。

(3)日粮要有一定的容积和营养浓度　饲料干物质采食量的高低,对于维持泌乳牛的高产、稳产和体质健康关系很大。因此,在配合日粮时,既要满足奶牛对饲粮干物质的需要,也不能超出采食量所允许的最大范围。也就是说,日粮必须达到一定的能量浓度。为了发挥各种不同饲料的营养互补作用,提高母牛的采食量,可以按不同泌乳阶段的营养需要,将所计算出的各种饲料用全日粮混合机调制成全价日粮,进行散放饲养。在配合全价日粮时,泌乳牛营养水平的最低成分为:产奶净能5.016～6.688兆焦/千克,粗蛋白质12%～14%,粗脂肪15%～20%,钙0.5%～0.7%,磷0.4%～0.5%,食盐1%。钙、磷比以1.5:1为宜,最高不要超过2:1。

(4)日粮应有适当的轻泻作用　要提高泌乳牛对于各种饲料的采食量,就必须适当缩短食糜在消化道中的停留时间。这样,饲料的消化率虽有一定程度的降低,但总进食的营养物质却有所增加。同时,还可加强饲料蛋白质在瘤胃中的降解,增加瘤胃蛋白质的数量。轻泻饲料主要有小麦麸、糖蜜以及一些青草和块根、块茎类饲料。

为了预防瘤胃酸中毒后发生酮病,日粮中可加入2%碳酸氢钠,与精饲料混合后饲喂。

2. 饲喂方法

(1)定时定量,少给勤添　由于长时间形成的条件反射作用,奶牛在采食以前消化腺即已开始分泌消化液,这对保持消化道的内环境，提高饲料营养物质的消化率极为重要。如果随意改变饲喂时间和饲喂量，都会打乱奶牛消化腺的活动，影响饲料的消化和吸收。所以，饲喂时一定要定时定量。

少给勤添可以保持瘤胃内环境的衡定，使食糜均匀地通过消化道，从而提高饲料的消化率和吸收率。

(2)*饲料供应要相对稳定，更换饲料要逐步进行* 为了保持高产奶牛有正常的生理功能，防止代谢紊乱，选用的饲料要全年保持相对稳定。冬季和夏季日粮变化不宜过于悬殊，青、粗饲料要做到：青中有干，干中有青，青干搭配。奶牛瘤胃内的微生物区系形成需 20～30 天的时间，一旦打乱就很难恢复，因此更换饲料必须要逐步进行。可以采用交叉式的过渡方式，慢慢增加新饲料，逐渐减少被替代的饲料，一般过渡时间应在 10 天以上。

(3)*饲料清筛，防止异物* 精、粗饲料在饲喂前要用带磁铁的清选器清筛，清除饲料中的铁钉、铁片、铁丝、石块和玻璃等微小锐利杂物，以免造成网胃和心包创伤。此外，还应保持饲料的新鲜和清洁，切忌使用霉烂、冰冻和被毒物污染的饲料喂牛。

3. 饲喂次数和顺序 在商品生产的奶牛场，对于泌乳期产量为 3 000～4 000 千克的奶牛，可以实行 2 次饲喂制，产奶 4 500 千克以上的奶牛实行 3 次饲喂制，这主要取决于精饲料饲喂量。每次饲喂精饲料量应不超过 2.5～3 千克。而国外绝大多数奶牛场实行每日 2 次饲喂、2 次挤奶的制度。试验表明，每日饲喂 3 次可以提高 3.6％的日粮营养物质消化率，但却大大增加了劳动力的消耗。从对产奶量的影响来看，2 次挤奶由于间隔时间过长，特别当乳房内乳汁的充满程度达其容积的 80％～90％时，乳的分泌就会变慢或者完全停止。

但是产奶量不同的牛，停止的时间也不一样。中等产量的成年母牛在高峰泌乳期间挤奶后12～14小时乳汁分泌停止，而初胎母牛经过10～12小时，乳汁分泌停止。乳房发育良好的高产母牛，乳的正常分泌时间持续较长。

在奶牛的饲喂顺序上，一般采用先粗后精、先干后湿、先喂后饮的方法。

4. 饮水 牛奶中含水量在87%以上，因此水对奶牛极为重要。据报道，日产奶50千克左右的高产奶牛每天需饮水100～140升，低产奶牛也需饮水60～75升，干奶牛需饮水35～55升。饮水不足，既影响产奶量，又妨碍奶牛对营养的消化和吸收，不利于健康。而给予良好的饮水条件，不仅有利于健康，而且还能提高产奶量4%～10%。要求在奶牛运动场设饮水槽，让其自由饮水。对高产奶牛还要全年坚持饮混合料水，即在水中少量掺入糖渣、精饲料、食盐等。注意冬季要给奶牛饮温水，水温应控制在25℃左右。

5. 放置盐槽 牛奶中含有各种矿物质和微量元素，且土壤和饲料中某些元素的含量变化很大，因此奶牛经常出现异食癖。为了预防这种现象，可以在运动场中放置含有各种矿物质元素的盐槽，或吊挂一些盐砖，让牛自由舔食。

6. 运动 奶牛在舍饲期间，当产奶量平稳以后，每天要有适当的运动。如运动不足则牛体容易变肥，会降低其产奶量和繁殖力。另外，运动不足易降低母牛对外界环境的适应能力，并且由于光照不足和缺少运动而使母牛患骨质疏松症和肢蹄病。所以，每天应坚持2～3小时的驱赶或逍遥运动。

7. 乳房护理 对于奶牛而言，减少乳房疾病是管理上的主要问题，而外伤和环境污染是造成奶牛乳房疾病的主要原因。奶牛一旦乳房患病，尤其对高产奶牛，损失极大，病后产奶量很难恢复到原来水平。因此，乳房的护理至关重要。

奶牛患乳房炎的原因很多，但通常是由于乳房感染，接触传染性病原体和环境性病原体所致。因此，防止乳房炎发生的根本是注意乳房的清洁卫生和防止乳房创伤。

为了防止接触传染性病原体而感染乳房疾病，在奶牛日常管理中，应注意挤奶机的消毒和挤奶工人手部的卫生。挤奶前要仔细清洗乳房，挤奶时要尽量挤干乳房中的奶，并尽量防止乳头损伤。挤奶后药浴乳头并擦干，必要时可涂抹凡士林油，以防止乳头龟裂。对已患病的牛应进行隔离，及时治疗，多热敷，并增加挤奶次数。无论机器挤奶还是手工挤奶，要保证挤奶手法正确，设备运转正常。另外，要注意杀灭苍蝇。

对环境性病原体最好的控制措施是清洁牛床、牛舍，勤换垫草，避免污染环境（包括泥泞和粪便堆积）。可以采用自由牛床，牛床铺垫草，牛可自由趴卧或离开，粪尿都排泄在牛床外，因此干净舒适，可保护乳头和乳房。不可让奶牛卧在坚硬、泥泞的地上。牛舍尤其是牛舍的地面应干燥。运动场应平整光滑，无坚硬砖石、铁器、灰渣等。可以佩戴乳头保护器，它是装在副蹄上的保护器，对起卧频繁的分娩牛有保护乳头的作用。应经常修蹄，防止划伤乳头。还可以佩戴乳房袋（套），通常用帆布制成，夏季可用尼龙纱布袋，散热性能好。乳房袋（套）的用处是将分娩或泌乳初期产奶牛的乳房吊起，以保护乳房，对于悬垂乳房或长乳头有保护作用，防止牛起卧时将其踩伤；热水袋式的乳房袋（套）还可热敷乳房，治疗乳房炎。

8. 挤奶 是奶牛养殖中的一项重要技术工作。在正常的饲养和管理条件下，正确而熟练的挤奶技术不仅能够充分发挥奶牛潜力，使母牛高产稳产，获得量多质优的牛奶，而且可以预防乳房炎的发生。适当的乳房按摩能帮助奶牛充分排乳，提高产奶量。同时，可以减少乳房中奶的残留，有效防止乳房炎的发生。对已患有乳房炎的牛进行热敷按摩，能有效地缓解症状，促进病情的好转。挤奶时，应做好以下几方面工作。

一是上槽前10分钟引导奶牛排粪，入舍定位后，刷拭牛体、饲喂，准备挤奶。

二是挤奶前先用50℃左右温水清洗乳房并擦干，挤出每个乳头的前3把奶，观察乳质和乳头情况，然后开始挤奶。

三是手工挤奶用拳握式压榨法，充分按摩乳房后，先挤后乳房，再挤前乳房，一次性挤净，挤后药浴乳头。

四是固定挤奶顺序，高产牛早班先挤奶，夜班后挤奶。

五是健康牛与病牛分开挤奶，先挤健康牛，后挤患病牛。

六是挤奶机使用前后都要清洗干净，按操作规程要求放置。

七是每头牛产出的奶要准确称量记录，挤奶机设有计量显示的，每10天测1次奶重。

9. 肢蹄护理 奶牛的四肢和蹄要支持其体重，如果肢蹄发生问题，奶牛的正常行为就无法完成，严重影响生产。

(1)护理 蹄的护理与四肢护理紧密相连，在牛床铺上垫草是解决这个问题的有效方法。否则，奶牛的后蹄整天踩在粪尿中，容易发生蹄病。如蹄叉中夹满牛粪，应经常除掉。每2～3天可用1%～2%硫酸铜溶液喷洒蹄面，每月应用10%硫酸铜溶液浸泡1次。有很多奶牛场，牛床上不铺垫草，而是等牛下槽以后，用水冲洗牛床，虽然这样牛床很干净，但牛床常有积水，奶牛的四蹄容易被泡软，如不小心踩上尖锐铁器、石块、玻璃片，很容易将蹄底穿破，造成感染。因此，牛床应铺上柔软的垫草，每次用水冲刷时应待水干后再将牛赶入。奶牛运动场和牛场道路上必须无异物，也不可有尖锐的棱角，冬季也不许有结冰的泥块。

棱角分明的粪尿沟对于牛的肢蹄是一种潜在的危险。当牛蹄踩在沟缘时由于体重较大，很有可能造成牛蹄叉开裂。

(2)修蹄　由于遗传和环境等因素的影响，或奶牛缺少运动，则牛蹄易变形，如不及时修正，会造成奶牛行动上的困难和产奶量下降。所以，奶牛每年要在春、秋两季定期进行修蹄。正常牛前蹄的角度应为45°，后蹄为50°。

①修蹄注意事项　修蹄要用保定架，如用手举蹄，不但费时费力，削蹄效果也较差。用保定架拴牛要注意牛的安全，不要伤到牛的脊椎、角、鼻中隔和四肢。奶牛胆小，操作时动作不可粗暴，可让它吃些草，或给其搔痒，使其安静。搔痒人要站得远些，否则会使奶牛不安。

切削蹄尖时，蹄底和蹄负面容易削过头。蹄尖特别弯曲的，不要一次削好，这样容易削过头。蹄底一般都薄，绝不可削得过多。蹄缘上除去枯角即可，负面不可突出。要特别注意削变形蹄和长蹄时，要分2～3次进行。削蹄结束时，应将蹄外缘锉圆，以免伤到乳房和乳头。正常情况下应每3～6个月修1次，平时一旦发现蹄部问题应及时修理。

②修蹄方法　牛蹄应定期(3～6个月)检查1次。削蹄前，要观察蹄形存在的问题，这就需要观察牛站立和走动的情况。从牛前后和侧面查看延长、突出部、角度，对左、右蹄和内、外蹄进行对比，判断其蹄形、肢势、趾轴是否一致等，根据这些即可进行修蹄。修蹄的最终目的，一是要使蹄的负面平整，二是要加大蹄的负面纵径，以便能均匀地负担体重和安全行走。

后肢X肢势，可将蹄外侧多削去一些，使左、右肢的关节离开一些。镰刀后腿往往与长蹄有关，这时可按长蹄切削。如果是O状后肢则宜多削两后蹄的蹄内侧。

由于牛体重长期落在蹄踵上，蹄子延长，蹄底满而阔，蹄尖上翻，蹄角度低，在不伤害蹄的情况下，可多削蹄尖和蹄侧，但要分2～3次削，隔1周修1次。如果要修正后蹄负面，蹄面仍与地面不平有缝隙，就要对蹄踵适当切削，增加负面纵径，使蹄完全接触地面。

蹄踵负重过大会使蹄尖上翻，而奶牛长期饲养在牛舍中，起立时采取广踏，又易造成内侧蹄壁卷曲。因此，修蹄时一定要内、外侧削匀，使蹄内、外能平均负担体重。

长时间未修但蹄形无异常变化的，可按正常切削法处理。先切削蹄底部，由蹄踵到蹄底，再到蹄尖。削至蹄底与地面平行为止。削时注意用手指按蹄底要有硬度，特别注意蹄底一旦出现粉红色，就应停止。

如蹄上翻或内卷，体重落在蹄踵上，修蹄者通常的错误做法是用錾子从蹄尖上面凿下，削去一大块蹄尖就算了事，结果蹄的角度依旧，并没有减轻系部压力。主要应削平、磨平蹄的底部，使系部立起一些，恢复原位，以减轻系部负重。至于蹄尖如有必要可锉光。

副蹄长了很不美观，而且最易伤及泌乳牛的乳头和乳房，尤其在分娩前后，母牛起卧频繁以及泌乳盛期乳房膨大时，更易刮伤乳房，所以必须及时修剪。可用蹄钳或蹄剪切短，最后用锉或砂轮磨圆。

犊牛蹄长得慢，不需大修，可用蹄剪一点一点剪齐，或使牛站于木板上用錾子凿齐。注意要一点一点削，以免削过头，最后用锉子磨齐。如有必要再削蹄底面。

10. 刷拭、擦痒和防蚊蝇　皮肤护理对奶牛是很重要的，因为皮肤干净，少受蚊蝇骚扰，会使奶牛安闲舒适，食欲大增，对健康、生产都有好处；如果牛体不干净，尘土结块在皮肤上，则牛体散热不畅，体温升高，呼吸加快，对牛健康不利。而且，如果乳房、腹下、尾梢带有粪土、牛毛，必然影响牛奶的质量。

(1)刷拭　经常刷拭，对保持牛体清洁卫生、调节体温、促进皮肤新陈代谢和保证牛奶卫生均有重要意义。因此，每天应坚持刷拭2～3次。夏季以洗刷为主，用水冲洗牛体，既有助于皮肤卫生，又有防暑降温作用，有利于产奶量的提高。

刷拭牛体的工具有几种，铁刷子和铁皮圆刷子可以刷去尘土、死毛；而用毛刷和棕刷梳理毛发，可使毛平顺、光亮；梳子可梳理长毛、尾帚等。刷拭时，可按从前到后、从上到下、从头颈到背腰尻腹的顺序，并且四肢和尾帚都要刷到，直至用手抚摸无土为止。

在温暖季节还应给奶牛洗澡，用温水和肥皂洗刷，再用水冲洗净，注意勿使肥皂水流入其眼睛或耳朵。

刷拭时应注意皮肤表面的情况，观察是否有体表寄生虫、皮肤病和外伤等，如果有以上情况应及时处理。刷拭工具不能过于尖锐，以免造成体表创伤，感染病原菌引起发炎。特别应注意牛尾的刷拭。牛尾具有扫打蚊蝇、保持牛体平衡、保护外阴部的功能，当牛趴卧在冰冷坚硬的地上时还可以充当铺垫。牛尾的状态也是牛只精神状态的重要体现。因此，每次刷拭都应刷拭牛尾，每周应用肥皂水揉洗1次，洗后用梳子梳开，这样能使牛尾更好地发挥作用。

除刷拭外，为了牛体清洁整齐和鲜奶的品质，一般来说，我们还应对奶牛的乳房部进行剪毛。乳房部的毛需要用手推或电推推剪，目的是使它少沾泥土，同时显出乳房的形状，露出乳静脉。

(2)擦痒与防蚊蝇　蚊蝇、皮垢会使奶牛感到不安。通常可以通过刷拭的办法为牛搔痒，同时奶牛在运动场中也需要有能使之利用的擦痒装置。

夏季蚊蝇和其他昆虫对牛只的骚扰极大，并大量吮吸牛体血液，传播疾病，对牛群的健康和产奶量均有较大影响，应积极采取措施予以消灭。首先，应尽可能消除蚊蝇的孳生，消除奶牛场内的积水和丛生的野草，阴井和水沟要定期喷洒敌百虫等有效而对奶牛无害的杀虫药物，运动场和场地周围的牛粪要尽可能清除干净。其次，可在牛舍和运动场周围放置一些灭虫灯，最好定时在蚊蝇集中的地方喷洒氯氰菊酯稀释液或其他高效无毒的杀虫剂。但绝不可使用如敌敌畏等剧毒药物，并应注意不要把任何药物喷洒在牛体和饲料上。

11. 防暑防寒

(1)热应激对奶牛的影响　奶牛的天性是怕热不怕冷，因为牛体格大、皮毛厚，瘤胃内发酵产生的热量多。因此，只有初生和初生后数月龄的犊牛怕冷，特别是冬季更要防寒。奶牛喜欢卧下反刍休息，不可使其卧在冰冷的水泥地上或粪尿里，应铺垫草保温。奶牛受热应激后反应强烈，高温产生的最大影响是采食量下降。持续高温并超过 40℃时，温带奶牛品种停止采食。相反，气温降到临界温度以下，牛需要的能量增加了，采食量也增高了。研究表明，荷斯坦牛因高温产奶量可降低 5%～20%。高温、高湿则影响更大，美国的一项研究表明，在温度为 29℃、相对湿度为 40%的条件下，荷斯坦牛产奶量下降 8%；在同等温度条件下，相对湿度为 90%时，产奶量则下降 31%。同时，热应激可使奶牛泌乳曲线的持续时间缩短，如 12 月份至翌年 1 月份产犊的母牛，其 80%峰值产奶量的持续时间可达 6 个月；而 6～7 月份产犊的奶牛，只有 64%峰值产奶量的持续时间为 6 个月左右。此外，夏季产犊的奶牛产奶峰值比冬季的低7%。奶牛的分娩月份对产奶量有显著的影响，以12月份至翌年1月份分娩的奶牛305天产奶量最高。7～8月份分娩的奶牛产奶量最低，比12月份至翌年1月份分娩的奶牛低25%～38%。热应激不仅影响泌乳牛产奶量，而且也影响干奶牛。干奶期的牛处于热应激下，对其下一泌乳期的产奶量也有影响。这主要是由于在热应激条件下，奶牛的生长激素、甲状腺素、雌激素以及前列腺素的分泌减少，进而影响了乳腺发育。

热应激下奶牛的繁殖率明显降低。当温度、湿度指数由68升至78时，奶牛的受胎率从66%降至35%。有报道，在配种当天或次日阴道温度升高0.5℃，即可影响受胎率。这与热应激时，奶牛血清中促黄体素和孕酮分泌量的减少以及前列腺素分泌量的增加有关。而且，在热应激下，奶牛主导卵泡发育提前，到正式排卵时已经老化，从而影响受胎率。此外，热应激时，奶牛表皮血管舒张，毛细血管血流量减少，也可造成胚胎营养不足，引起胚胎死亡或胚胎吸收。

(2)缓解热应激的方法

①搭建凉棚　大群奶牛消暑的好办法是搭建凉棚。其要求是：遮荫面积要达到80%，其余20%的面积用于透气、透光，凉棚高度应在4米以上，以利于通风。可用黑塑料薄膜粘在细绳上编排凉棚，既通风又遮荫；或用木板、竹片搭成凉棚，遮光通风又经久耐用；还可在运动场埋杆，用铁链搭成天棚，上边放些秸秆，这种凉棚因为透气性好，可以搭得低些，让育成牛或成年牛休息。

②牛场绿化　在运动场周围种些高大的阔叶乔木，并在进风口(窗)设遮阳棚。树高荫大，牛可在树底乘凉。

③安装风扇和喷淋降温系统　本系统的工作原理是蒸发

散热，即通过蒸发湿被毛层中的水分，带走牛体表热量，从而达到降温目的。

使用本系统降温，需要注意喷淋与电风扇不能同时进行工作，以防水雾吹到牛床，潮湿的牛床是诱发乳腺炎的重要原因。同时，通过调整喷头的安装位置和角度，将喷淋的水控制在特定的区域，并采用继电器控制喷淋与风扇的工作时间。这一系统通常安装在待挤区或采食通道等特定区域，前者属强迫降温，后者则由奶牛自由选择。

夏天奶牛进入待挤区等候挤奶期间，需进行降温。采用喷淋系统降温，一般仅需 45～60 分钟，即可将奶牛的体温降至 38.5℃。同时，在待挤区地面上还需安装大型风扇，以便奶牛进入挤奶厅时，乳房保持干燥。

奶牛在挤奶过程中产热量也会增加，所以在它们回到牛舍前需再一次进行降温。此次降温只需在挤奶厅的出口处装配一套风扇喷淋冷却装置即可。

④减轻屋顶热负荷　如将屋顶涂白，以增强其热反射能力；在屋顶铺草秸以降低屋顶内面温度；在圈舍周围种蔓藤类植物，让其爬上屋顶起到减轻热负荷的作用；在屋顶喷水也可降低屋内温度，但屋顶喷水主要用于未铺设隔热材料，或隔热性能不良的屋顶和凉棚顶，能达到铺设隔热层的效果。最经济的喷水量是使屋顶保持湿润，但没有水滴流下。

⑤改善牛舍通风条件　可用换气装置自下而上吹风，但注意不能形成穿堂风；在舍内气流速度较快的情况下向舍内喷水，水在吸收舍内空气中热量后，被吹出舍外而将舍内热量带走；在进风口装设湿帘类设备，或将地下室内的空气引入舍内。

⑥保证供水　让奶牛随时可饮到清洁充足的水，因为冷水与尿液之间存在温差，奶牛饮冷水可传导散热，减少热负担。

⑦营养措施　精饲料中加喂1%异位酸型奶牛添加剂，可缓解热应激，使奶牛呼吸均匀，流涎减少，食欲增加，产奶量可明显回升。对膘情中等以上的高产奶牛应用生长激素，可防止热应激造成的产奶量下降。补喂日粮干物质1.2%～1.5%的钾，同时补充缓冲剂，可防止牛体失水过多和乳脂率下降。在日粮蛋白和过瘤胃蛋白采食量相同(18.5%和43%)情况下，日粮赖氨酸与蛋氨酸的比例由1.6∶1提高至3∶1，夏季产奶量可提高11%。由于热应激期间所消耗的维生素A量增加，所以在夏季应补给较平时高1倍的维生素A，并尽可能多喂青绿多汁饲料。采食后的2～3小时为热能生产的高峰阶段，因此建议夏季夜间喂料量应占日粮的60%以上，尤其是粗饲料宜安排在晚8时至翌日5时饲喂，以使热增耗产生高峰与气温高峰相同。同时，还可通过增加饲喂次数，延长饲喂时间，调制粥料等饲养措施来增进奶牛食欲，提高采食量。

⑧调整作息时间　采用夜间放养运动，但应注意放出时间，要待地热散发之后(如下午6时后)，才能将奶牛放出，以免牛只受本身热量和地热的双重影响而导致突然中暑。

(3)*防寒的方法*　奶牛本身不怕冷，但这是指2岁以上及成年牛而言，初生的和幼小的犊牛怕冷，应很好地保温。初生犊牛的保温最重要的是保持体表的干燥，其次是环境温度、湿度。对于患肺炎的犊牛或其他所有病牛都需要保温，不可让牛处在冰冻的环境，特别是牛舍中防止穿堂风或贼风，更不能让牛卧在粪泥中或混凝土硬地上。因此，铺垫草是必不可少的。

(二)泌乳牛各阶段的营养需要

泌乳牛各阶段的营养需要见表4-13。

表 4-13 泌乳牛各阶段的营养需要

阶段划分	产奶天数或日产奶量	干物质占体重（%）	奶能单位（NND）（个）	干物质（DM）（千克）	粗纤维（CF）（%）	粗蛋白质（CP）（%）	钙（Ca）（%）	磷（P）（%）
围产后期	0～6	2～2.5	20～25	12～15	12～15	12～14	0.6～0.8	0.4～0.5
	7～15	2.5～3.0	25～30	13～16	13～16	13～17	0.6～0.8	0.5～0.6
泌乳盛期	20 千克	2.5～3.0	40～41	16.5～20	18～20	12～14	0.7～0.75	0.46～0.5
	30 千克	3.5 以上	43～44	19～21	18～20	14～16	0.8～0.9	0.54～0.6
	40 千克	3.5 以上	48～52	21～23	18～20	16～20	0.9～1	0.6～0.7
泌乳中期	15 千克	2.5～3.0	30	16～20	17～20	10～12	0.7	0.55
	20 千克	2.5～3.5	34	19～22	17～20	12～14	0.8	0.6
	30 千克	3～3.5	43	20～22	17～20	12～15	0.8	0.6
泌乳后期	—	2.5～3.5	30～35	17～20	18～20	13～14	0.7～0.9	0.5～0.6

（三）泌乳牛推荐日粮配方

泌乳牛的推荐日粮配方见表 4-14 至表 4-17。

表 4-14 体重 600 千克日产奶 25 千克奶牛的日粮配方

饲　料	给量（千克）	占日粮（%）	占精饲料（%）
豆　饼	1.6	4.5	16.2
植物蛋白粉	1	2.8	10.1
玉米粉	4.8	13.6	48.5
小麦麸	2.5	7.1	25.2
谷　草	2	5.6	—
苜蓿青干草	2	5.6	—
青贮料	18	51	—
胡萝卜	3	8.5	—
食　盐	0.1	0.28	—
磷酸钙	0.3	0.85	—
合　计	35.3	100	—

表 4-15　体重 600 千克日产奶 20 千克奶牛的日粮配方

饲　　料	给量(千克)	占日粮(%)	占精饲料(%)
菜籽粕	1.4	4.18	17.5
棉籽饼	1	3	12.5
玉　米	4	12	50
小麦麸	1.6	4.8	20
青贮饲料	18	54	—
苜蓿青干草	4	12	—
胡萝卜	3	9	—
食　盐	0.1	0.3	—
磷酸钙	0.26	0.8	—
合　计	33.36	100	—

表 4-16　体重 600 千克日产奶 15 千克奶牛的日粮配方

饲　　料	给量(千克)	占日粮(%)	占精饲料(%)
菜籽粕	1	3.1	12.3
棉籽饼	1	3.1	12.3
玉　米	4.5	13.9	55.6
小麦麸	1.6	4.9	19.8
谷　草	5	15.5	—
青贮料	16	49.5	—
胡萝卜	3	9.3	—
食　盐	0.1	0.3	—
磷酸钙	0.15	0.46	—
合　计	32.35	100	—

表 4-17　体重 600 千克日产奶 15 千克奶牛的日粮配方

饲　料	给量(千克)	占日粮(%)	占精饲料(%)
菜籽粕	0.5	1.6	9.1
棉籽饼	0.5	1.6	9.1
玉　米	4	12	72.7
麦　麸	0.5	1.6	9.1
谷　草	5	15.8	—
青贮料	18	56.87	—
胡萝卜	3	9.5	—
食　盐	0.1	0.3	—
磷酸钙	0.05	0.16	—
合　计	31.65	100	—

(四)成年泌乳牛阶段饲养法

对泌乳牛的饲养管理，通常要求泌乳曲线在高峰期比较平稳，下降较慢，保证母牛具有良好的体况和正常繁殖功能。成年奶牛阶段饲养法即是依据奶牛不同的生理阶段采用不同的饲养方法。

1. 围产后期　也称产房期。它是指母牛分娩至产后第十五天，为母牛身体的恢复期。此时奶牛的生理特点是气血亏损，消化功能弱，抗病力差，生殖器官处于恢复阶段，乳腺活动功能旺盛，乳房有水肿状态，所以必须加强饲养管理，助其恢复体质，使子宫复原和乳房消肿，防止产后瘫痪和其他疾病发生。因此，应增加其采食量，防止过度减重。要供应优质的粗饲料和精饲料，在产后 6～15 天，每天约加精饲料 0.5 千克，以提高日粮营养水平。此期精饲料按每 100 千克体重供给 1

千克为宜，日粮中粗饲料与精饲料之比按干物质计为 54∶46。

产后 0.5～1 小时便可挤奶。前几天内日挤奶 4～5 次，每次不要将乳汁全部挤净，目的是增加乳房内压，减少乳的形成和血钙下降，防止瘫痪症。为尽快消除乳房水肿，每次挤奶时坚持用 50℃～60℃温水洗擦乳房和热敷，并认真进行 15～30 分钟的乳房按摩。乳房水肿消除后，在正常泌乳状态下可每天挤奶 2～3 次。

在饲养上，要注意观察母牛的食欲、乳房和粪便状态。饲喂的准则是既要尽量多喂粗饲料维持奶牛的食欲和健康，又要及时补给精饲料，为夺取高产创造条件。加料要积极稳妥，密切注意母牛的消化功能。产奶量高、食欲旺盛、生产潜力大的多加；反之则少加。

母牛产后 1 周内应充分供给温水(36℃～38℃)，不宜饮冷水，以免引起肠炎等疾病。

2. 泌乳盛期 指母牛产后 16～100 天，是迅速达到产奶高峰的时期，又称升乳期。此阶段的生理特点是体质基本恢复，乳房水肿消失，乳腺功能和循环系统功能正常，子宫恶露基本排除，体质恢复，代谢强度增强，加之一些泌乳激素的作用，乳腺活动功能旺盛，产奶量不断上升，一些对产奶有不良影响的外界因素起不到干扰作用。这一阶段进行科学饲养管理能使母牛产奶高峰持续时间更长，更好地发挥产奶潜力。

此期可分为升乳初期和产奶高峰期。前者是从产后 15 天至泌乳高峰前，此期要最大限度地增加采食量，提高日粮营养浓度和干物质水平；而在产奶高峰期，母牛出现最高采食水平，体重趋于稳定，为保证较长时间的高产奶量，能量给量应稍高于需要量。

泌乳盛期能量与氮的代谢易出现负平衡，尤其是在产奶高峰期更易出现，如仅仅依靠体内蓄积的营养来满足产奶需要，由于大量产奶体重下降，泌乳盛期过后往往出现产奶量突然下降，不仅影响产奶还拖延配种时间，易出现屡配不孕和酮血病。

泌乳盛期可按以下方法饲喂奶牛。

(1)引导饲养法　这种方法是在一定时期内采用高能量、高蛋白日粮喂牛，以促进大量产奶，引导泌乳牛早期达到高产。具体方法是：从母牛干奶期最后 2 周开始，每头牛喂给 1.8 千克精饲料，以后每天增喂 0.45 千克，直到每 100 千克体重吃到 1～1.5 千克精饲料为止，不再增加精饲料喂量(如 500 千克体重的牛，每天精饲料最多吃到 5.5～8 千克，在 14 天内共喂料 60～70 千克)。母牛产犊 5 天后开始，继续按每天 0.45 千克加料，直至产奶高峰期达到自由采食，产奶高峰期后再按产奶量、乳脂率和体重调整精饲料喂给量。引导饲养法有下列优点：一是可使母牛瘤胃微生物在产犊前得到调整，以适应精饲料日粮；二是可使高产母牛产前体内贮备足够的营养物质，以备产奶高峰期应用；三是促进干奶母牛对精饲料的食欲和适应性；四是可使多数母牛出现新的产奶高峰，增产趋势可持续整个泌乳期。

应当指出，不是所有母牛对引导饲养法都具有良好的适应性，在生产实践中应根据不同的情况区别对待。据上海市牛奶公司叶兆云等报道，初产后 16～100 天的泌乳盛期奶牛采用引导法饲养，符合泌乳盛期的生理机制，产奶量随精饲料增加而增加。只要牛只食欲旺盛，身体健康基本恢复，在不影响其健康的前提下，逐渐加料，给量可达体重的 1.5%～2.3%，一般每天每头母牛平均 6～7 千克，高产牛最高可达

15 千克，同时提高干物质采食量，优质青干草应不少于体重的 0.5%，精、粗饲料比例应达到 65∶35。区别对待的目的首先是可以解决“高产牛不多吃，低产牛不少吃”的拴系混群饲养的弊端，其次可以提高饲料利用率，充分发挥泌乳牛的潜力。在具体饲喂方面可做如下改革：①将精饲料分成基础料、副料、粥料和营养料 4 种分开饲喂，前 3 种按牛头数均匀分配，后一种营养料按高产牛、体弱牛、泌乳盛期牛分配，其他牛不供应。②春、冬季泌乳牛日产奶 25 千克以上、夏、秋季日产奶 22.5 千克以上，日供应营养料 1～5 千克/头。如一般牛每日平均饲喂精饲料 6～7 千克/头，则高产牛要达到 9～12 千克/头。③混合精饲料数量由平均分配改为不平均分配。④粥料改为放在青贮、块根饲料后再喂，可使奶牛将青贮饲料的料脚充分舔光，既提高饲料利用率，又减少浪费。

(2)短期优饲法　是在泌乳盛期增加营养供给量，以促进母牛产奶能力的提高。具体方法是：在母牛分娩 15～20 天后开始，根据产奶量除按饲养标准满足维持需要和产奶实际需要外，再多喂给 1～1.5 千克混合精饲料，作为提高产奶量的预付饲料，加料后如母牛产奶量继续提高，食欲、消化良好，则隔 1 周再调整 1 次。

在整个泌乳盛期，精饲料的给量随产奶量的增加而增加，直至产奶量不再增加为止，日粮组成按干物质计算，精饲料最大给量可达到 60%，以后随着产奶量下降，而逐渐降低饲料标准，改变日粮结构，减少精饲料比例，增喂多汁饲料和青干草，使母牛泌乳量平稳下降，这样在整个泌乳期可获得较高的产奶量。此法适用于一般产奶量的奶牛。

在泌乳盛期为了使母牛吃足饲料，应延长采食时间，增加饲喂次数，还要按摩乳房，供给充足的饮水，经常保持牛舍清洁卫生。应观察牛的消化功能和乳房情况是否正常，认真做到合理投料，防止发生乳房炎和肠道疾病。

奶牛产犊40～50天后，其生殖道基本康复、净化，随之出现产后第一次发情，此时要详细做好发情日期、发情征候以及分泌物净化情况的记录工作，在随后的1～2个发情周期，即可抓紧配种。产后60天尚未发情的奶牛，应及时进行健康、营养和生殖道系统的检查，发现问题，尽早采取治疗措施。

3. 泌乳中期　指产后101～210天，此期产奶量逐渐平稳下降。产奶高峰期过后，每日产奶量开始渐降，每月下降奶量约为上月奶量的4%～6%，中低产奶牛下降可达9%～10%。此期饲料中应有充足的青干草与青贮饲料，产奶高峰期以后每日精饲料喂量可按牛的体重和产奶量进行调整。泌乳中期精饲料给量标准为每日每头6～7千克。体重减轻过多的，可多喂一些。精饲料喂量每隔10天可调整1次。

泌乳中期是奶牛食欲最旺盛的时期，干物质摄入量可达体重的3.5%左右，所以要利用这个时机让牛多吃料，使泌乳曲线保持平稳下降。同时，由于多吃饲料，可防止体重持续下降，在平稳之后就可逐渐上升。泌乳中期较泌乳早期易于饲养，就在于代谢疾病的减少，能量由负平衡开始转为正平衡，食欲大大好转，只要能摄入大量饲料，就不会影响健康和产奶。

为了减慢产奶量下降速度，饲料要多样化，保证全价营养并适口。适当增强运动，保证充分饮水，并保证正确的挤奶方法和进行正常的乳房按摩。

4. 泌乳后期　指分娩后211天至停奶，是产奶量下降的时期。为能提高全泌乳期总产奶量，不要提早停奶，一般于产前2个月停奶即可。泌乳后期是饲料转化体脂效率最高的时期，美国农业部统计为75%，而在干奶期仅为58%。当体脂转化为牛奶的效率为82%时，则泌乳早期体脂用于泌乳的效率为0.75×0.82=0.62，而干奶期仅为0.58×0.82=0.48，二者相差很大。所以，在后期多喂饲料以增加体重，是经济合算的。

从管理上讲，泌乳后期产奶量已少，应与早期高产牛分群，以便于饲养，不然同槽饲养，低产牛分吃高产牛饲料，会影响高产牛产奶量。

（五）人工诱导泌乳技术

人工诱导泌乳技术是应用人工模拟激素，经技术处理后，促使由于某种原因不产奶的奶牛泌乳。

1. 诱导泌乳的优点　一是使不孕奶牛产奶。据实验结果表明，诱导泌乳的成功率在90%～100%。二是牛奶的营养成分好，且无残留物。从产奶后第七天起牛奶中无药物残留物，与正常牛奶成分一样。三是增加经济效益。我国奶牛不孕率达25%以上，若采用诱导泌乳技术，每头奶牛日产奶量可达15～18千克，经济效益十分可观。

2. 诱导泌乳的方法　常用方法是：注射17β-雌二醇（0.1毫克/千克体重）和孕酮（0.25毫克/千克体重）的无水乙醇溶液，每日分早、晚2次皮下注射，连续注射7～10天，以后隔日或连日注射利血平4次，约20天后开始产奶。诱导泌乳技术以不孕牛和干奶30～40天的牛效果较好。也可采用注射雌二醇和利血平的方法。每千克体重注射苯甲酸雌二醇0.1毫克，每日1次，连用7天，停药5天后，每日每头注射利血平5毫克，连用4～5天，效果较好。

陕西省西安市草滩农场药厂研制的催奶针剂Ⅰ号、Ⅱ号，效果较好。具体方法是：一是皮下注射Ⅰ号和Ⅱ号针剂，每100千克体重注射0.5毫升，连续注射7天。二是对不孕牛和干奶牛，连续注射催奶针剂Ⅰ号，每日2次，每次1支，连用10天；在第十三天、第十五天和第十七天各注射Ⅱ号针剂1支；第十四天和第十六天每日注射地塞米松20毫克，辅以按摩乳房，效果也很好。

内蒙古畜牧科学院研制的用于诱导泌乳的激素，对空怀母牛使用成功率达89.2%。同时，对卵巢功能性变化造成的不孕牛，通过激素调节，可使生殖功能恢复正常，并能妊娠产犊。

八、干奶牛的饲养管理

泌乳牛从一个泌乳期至下胎产犊前有一段时间（妊娠后期至产犊前15天）停止产奶，即是2个泌乳期之间不分泌乳汁的时间，此期称为干奶期。干奶期一般为60天，变动范围在45～75天。干奶是母牛饲养管理过程中的一个重要环节，其效果的好坏、时间的长短以及干奶期的饲养管理，对胎儿的发育、母子的健康以及下一个泌乳期的产奶量有着重要影响。

（一）干奶的意义

1. 恢复体质　母牛在泌乳期营养多为负平衡，机体营养消耗多。干奶能补偿营养消耗，同时也可蓄积大量营养物质，有利于母牛蓄积体力和体质恢复，以供下一次产奶需要。

2. 促使乳腺功能恢复　奶牛在泌乳时，部分乳腺组织会损伤、萎缩，干奶能使乳腺得到休整和恢复，有利于新腺泡的形成和增殖，特别是乳腺上皮细胞得以充分休息和再生，为下一个泌乳期正常泌乳做必要的准备。同时，可利用此期治疗某些在泌乳期不便处理的疾病，如隐性乳房炎或代谢紊乱等。

3. 有利于胎儿发育 妊娠期的最后2个月是胎儿迅速生长的时期，需要较多的营养供应，干奶能使母体内有足够的营养物质供胎儿正常生长发育和增重，获得健壮的犊牛。而且，干奶期加强营养可以提高初乳的营养浓度，使初乳中的钙、磷和维生素含量增多。

4. 瘤胃和网胃功能恢复 母牛的瘤胃和网胃经过一个泌乳期高水平精饲料日粮的刺激，也需要在干奶期，通过饲喂粗饲料恢复瘤胃和网胃的正常功能。

(二)干奶期的长短

正常情况下干奶期以60天为宜，过早干奶，会减少母牛的产奶量，对生产不利；而干奶太晚，则使胎儿发育受到影响，也影响初乳的品质。如干奶期短，而且饲养管理不善，母牛初乳中胡萝卜素的含量会比正常初乳低3～4倍。

初胎牛、早配牛、体弱牛、老年牛、高产牛(产奶量6 000～7 000千克)以及饲养条件差的牛，需要较长时间的干奶期，一般为60～75天。体质健壮、产奶量较低、营养状况较好的牛，干奶期可缩短为30～35天。

如奶牛发生早产或死胎的情况，同样会降低下一泌乳期的产奶量。早产时的泌乳量仅仅是正常顺产泌乳量的80%。

(三)干奶的方法

干奶的方法，一般可分为逐渐干奶法、快速干奶法、一次快速干奶法(骤然干奶法)。

1. 逐渐干奶法 是指用1～2周的时间将泌乳活动中止

的方法。在预定干奶前10～20天开始改变饲料组成，逐渐减少精饲料和多汁饲料的饲喂量。增加青干草喂量，控制饮水量，停止乳房按摩。减少挤奶次数，采取隔班、隔日挤奶，人为降低牛奶的分泌量；由正常每日3次挤奶改为2次再降至1次，由原来的每日挤奶改为隔1日、2日、3日至5日，每次挤奶必须完全挤净，当产奶量降至4～5千克时，停止挤奶，这样母牛就会逐渐干奶。此种方法适用于高产奶牛或过去干奶困难以及患过乳房炎的母牛。

2. 快速干奶法 是指从进行干奶日起，在4～6日内使泌乳停止的方法。开始干奶的前1天，将日粮中全部多汁饲料和精饲料减去，只喂青干草。控制饮水，每天只饮2～3次。停止乳房按摩，减少挤奶次数。进行干奶的第一天先挤2次，以后每日挤1次或隔日挤1次，第六天挤奶后停止挤奶。在第六天最后1次挤奶时，应充分按摩乳房，彻底挤净乳汁，然后每个乳头用5%碘酊浸泡1次，进行彻底消毒。此种方法适用于低产或中产奶牛。

3. 一次快速干奶法(骤然干奶法) 在干奶前的最后1次挤奶时，加强乳房按摩，彻底挤干乳汁，然后每个乳头用5%碘酊浸泡1次，进行彻底消毒，并用通乳针向每个乳头注入抗生素油10毫升，或停奶针剂1支。配制抗生素油的方法：青霉素40万单位，链霉素100万单位，磺胺粉2克，混入40毫升灭菌植物油(花生油、豆油)中，充分混匀后即可使用。

(四)干奶时的注意事项

无论用何种方法进行干奶，在干奶后的3～4天内，母牛的乳房都会因积聚乳汁较多而臌胀，所以在此期间不要触摸奶牛乳房，也不要进行挤奶。要控制多汁饲料和精饲料的给量，减少饮水量，密切注意乳房的变化和母牛的表现。正常情况下，乳房内积聚的乳汁在几天后可自行被吸收使乳房萎缩，这时应逐渐增加精饲料量和饮水量，保证营养需要。如果乳房中乳汁积聚过多，乳房过于胀满，出现硬块或红、肿、热、痛等炎症反应，说明干奶失败，应及时重新干奶。为防止产后乳房炎的发生，干奶时可向乳房内注入抗生素等药物。

（五）干奶牛的饲养

母牛干奶期的饲养任务是：保证胎儿正常发育；保持最佳的体况，给母牛贮备必要的营养物质，在干奶期间，使体重增加 50～80 千克，为提高下一个泌乳期的产奶量创造条件；通过对干奶期以及围产期的正确饲养，尽可能控制和避免乳热症、皱胃移位、胎衣滞留和酮病等的发生。

1. 干奶牛的营养需要 见表 4-18。

表 4-18 干奶牛的营养需要

阶段划分	干物质占体重（%）	奶能单位（NND）（个）	干物质（DM）（千克）	粗纤维（CF）（%）	粗蛋白质（CP）（%）	钙（Ca）（%）	磷（P）（%）
干奶前期	2.0～2.5	19～24	14～16	16～19	8～10	0.6	0.6
干奶后期（围产前期）	2.0～2.5	21～26	14～16	15～18	9～11	0.3	0.3

2. 干奶牛的日粮要求 精饲料每日每头 3～4 千克，青绿饲料、青贮饲料每日每头 10～15 千克，优质青干草每日每头 3～5 千克，糟渣类、多汁类饲料每日每头不超过 5 千克。

3. 干奶牛的饲养原则

（1）干奶前期的饲养原则 正常情况下干奶期为 60 天，

前45天为干奶前期。此期的饲养原则是在满足母牛营养需要的前提下,尽快干奶,使乳房恢复松软正常。保持中等营养状况,被毛光亮,不肥不瘦。

干奶5～7天后,乳房还没变软,每日给予的饲料,可和干奶过程中饲喂的饲料一样,干奶1周以后,乳房内乳汁被吸收,乳房变软,且已渐渐萎缩时,就要逐渐增喂精饲料和多汁饲料。再经5～7天要达到干奶母牛的饲养标准,既要照顾到营养价值的全面性,又不能把牛喂得过肥,达到中上等体况即可。因此,一方面要给予适当的运动,另一方面要加强卫生管理和注意乳房变化。

(2)干奶后期的饲养原则　从预产期前15天至进入产房之间的时期为干奶后期,也称围产前期,其饲养原则见围产期奶牛的饲养管理。

(六)干奶牛的管理

一是要做好保胎工作,防止流产、难产和胎衣滞留。为此,要保证饲料新鲜,品质优良,绝对不能饲喂冰冻的块根饲料、腐败霉烂的饲料和有毒饲料。冬季要饮温水,水温不得低于10℃。

二是坚持适当运动,但必须与其他牛群分开,以免互相顶撞造成流产。冬季在舍外运动场做逍遥运动2～3小时,产前停止活动。

三是加强牛体刷拭,保持皮肤清洁。

四是按摩乳房,促进乳腺发育,一般干奶10天后开始按摩,每天1次。产前出现乳房水肿的牛要停止按摩。

五是在围产前期,要根据预产期做好产房、产间的清洗消毒和产前的准备工作。分娩牛提前15天进入产房,临产前

1～6 小时进入产间。产房要昼夜设专人值班。

九、围产期奶牛的饲养管理

围产期是指从分娩前 15 天至分娩后 15 天的时期，分娩前 15 天称围产前期，分娩后 15 天称围产后期。围产期奶牛的饲养管理，对于母牛的健康和产奶能力，有着重要影响。管理不善不仅会降低干奶期恢复饲养的效果，而且也是造成母牛多病的根源。因此，此期的饲养管理必须特别重视。

（一）围产前期的饲养管理

围产前期的饲养要注意以下几方面：一是防止产后酮病发生，可采取产前 8 天开始饲喂烟酸 4～8 克/头，每天 1 次内服。二是防止产后瘫痪，可采取产前 7 天开始用维生素 D_3 1 万单位，肌内注射，每天 1 次；也可采用低钙饲养法，即产犊前日粮钙、磷最适饲喂量每日每头为 50 克和 30 克，避免高钙日粮。三是为防止胎衣不下，可于产前 9 天开始，每天肌内注射孕酮 100 毫克。

牛的胎儿发育主要在妊娠后期，因而在妊娠后期特别是最后几个星期，饲喂高质量的日粮，采用引导饲养法，以供应胎儿生长发育的需要，促进优质初乳的形成，并可减少酮病的发病率，维持体重并提高产奶量。产前 2～3 天，日粮中应加入小麦麸等轻泻性饲料，防止便秘。一般可按下列比例配合精饲料：玉米 70%、麸皮 20%、大麦 10%、磷酸氢钙 1%～1.5%和食盐 1.5%。对于有乳热症病史的母牛，在其干奶期必须避免钙摄取量不稳定。动物营养学家建议可采用高能低钙（较饲养标准减 20%或每天少 15 克钙）日粮限量饲喂，但在产犊以后应迅速提高钙量,以满足产奶时的需要。

母牛在分娩前7～10天转入产房,单独进行饲养管理。产房预先打扫干净,用20%石灰溶液或5%石炭酸溶液消毒,铺上干净而柔软的垫草。有传染病的母牛,应隔离在单独的产房内。母牛在进入产房前要进行细致的刷拭,刷净牛的四肢、尾部、乳房和臀部。产房门口要有消毒设备,以免将细菌带入产房,影响母子健康。

母牛进入产房后,为了使牛习惯于产后多吃精饲料,可逐渐增加精饲料喂量。为了防止由于增加精饲料和多汁饲料喂量而使乳房膨胀,从而影响母牛产后健康和产奶量,可采用多温浴、多按摩、多挤奶的办法,这样可使乳房在产后7～10天恢复正常。

产房内不论是白天或晚上,均应有人值班,勤换垫草,避免贼风,此期间要坚持运动和刷拭。临产前母牛往往有食欲不振的情况,应注意日粮配合与饲料调制。临产前2～3天为了防止便秘,可加入小麦麸等轻泻性的饲料,以利于分娩。饲喂方法要灵活,设法改善饲料适口性,以提高饲料的利用率和消化率,满足母牛与胎儿对营养物质的需要。

饲养员要坚持岗位责任制,做到"二清楚",即牛号清楚和分娩日期清楚。接近预产期的母牛,要特别注意观察,如发现母牛有分娩症状,可用0.1%～0.2%高锰酸钾溶液洗涤外阴部和臀部附近,并擦干,铺好垫草,将门窗关闭,以防贼风,给母牛一个舒适安静的环境,一般任其自然产出胎儿,必要时方可进行助产。

(二)围产后期的饲养管理

母牛分娩后应立即驱起,以免流血过多,并将准备好的麸皮汤(20℃～30℃温水15～20升,食盐150～200克,小麦麸少许)给母牛饮用,可以使因分娩而突然降低血压及大量失水的母牛迅速恢复体力,并且有利于母牛排出胎衣。随后,清除污秽垫草,换上干净垫草。为促使母牛排净恶露和产后子宫康复,还可饮喂益母草红糖水(益母草粉250克,加水1 500毫升,煎成水剂后,加红糖1千克搅匀,再加凉水3升,将药汁温度降至40℃～50℃,每日1次,连用2～3天)。产后0.5～1小时内进行第一次挤奶,挤奶前先用温水清洗乳房四周,再用0.1%～0.2%高锰酸钾溶液消毒乳头。产后4～8小时内胎衣可自行脱落,如12小时后胎衣仍未自行脱落,可采取兽医治疗措施。

母牛产后2天内应以饲喂优质青干草为主,同时补喂易消化的精饲料,如玉米、小麦麸等,并适当增加钙在日粮中的水平(由产前占日粮干物质的0.2%增加至0.6%)和食盐的含量。对产后3～4天的奶牛,如食欲良好、身体健康、粪便正常、乳房水肿消失,则可随其产奶量的增加,逐渐增加精饲料和青贮饲料喂量。

产后1周内的母牛,为避免引起胃肠炎,应坚持给其饮用温水,水温控制在37℃～38℃,1周后可降至常温。为了促进母牛食欲,应尽量多给饮水,但对乳房水肿严重的奶牛,饮水量应适当减少。

母牛产后,产奶量迅速增加,代谢旺盛。因此,常发生酮血病和其他代谢疾病。此期间严禁过早催奶,以免引起体况的急剧下降而导致代谢失调。产后15天或更长一段时间内,饲养重点应以尽快促使母牛恢复健康为原则。在挤奶过程中,也一定要遵守操作规程,保持乳房卫生,以免诱发细菌感染而患乳房炎。

母牛产后12～14天肌注促性腺激素释放激素，可有效预防产后卵巢囊肿，并使子宫提早康复。

高产母牛产后4～5天内不可将乳房中的乳汁挤干，特别是在产后第一天挤奶时，每次大约挤出2千克，够犊牛饮用即可。第二天挤出全天奶量的1/3，第三天挤出1/2，第四天挤出3/4或完全挤干。每次挤奶时要充分按摩和热敷乳房（有时也可冷敷）10～20分钟，以促进乳房水肿迅速消失。但对低产或乳房没有水肿的母牛，开始时就可挤干。

母牛产后由于钙量损失大，容易引起产后瘫痪，这种病在分娩后3～5天容易发生，如护理不好易造成死亡，特别是高产奶牛。此时应减少挤奶次数，静脉注射葡萄糖注射液和氯化钙注射液等。产后24小时，如天气情况良好，可让牛自由活动，以减少疾病的发生。母牛产后10～20天采食量少，要注意喂细、喂饱、喂好，除了勤添少喂外，还要做到四观察，即观察食欲、粪便、反刍、精神，一般产后如无异常情况，应及早将精饲料加足。

母牛产后应每天或隔天用1%～2%来苏儿溶液洗刷后躯，特别是阴门、尾根和臀部。要把恶露彻底洗净，防止感染发生子宫炎。母牛产后状况如正常，一般在10～15天后出产房。

第五章　奶牛场建设标准化

一、奶牛场的环境控制

（一）气　温

气温对奶牛的影响最大。奶牛生产的最适环境温度为9℃～16℃。在最适环境温度（表5-1）下，奶牛的饲料利用率最高，抗病力最强，经济效益最好。

表5-1　奶牛舍内适宜温度和最高、最低温度　（℃）

舍　别	最适宜温度	最低温度	最高温度
成年奶牛舍	9～17	2～6	25～27
犊牛舍	6～8	4	25～27
产　房	15	10～12	25～27
哺乳犊牛舍	12～15	3～6	25～27

环境气温高于或低于适宜温度都会给奶牛的生长发育和生产力的发挥带来不良影响。一般外界气温高于20℃奶牛就会出现热应激反应，发生呼吸加快、心率增加、食欲减弱、饲料消化率下降等现象，严重的甚至导致中暑，造成奶牛死亡；低温有时会使牛体局部被冻伤，但通常来说，奶牛具有耐寒不耐热的特点，环境气温自10℃下降至－15℃，对奶牛体温没有影响，甚至在－18℃低温环境中，奶牛也可维持正常体温。据试验数据表明，奶牛在气温10℃左右时，饲料利用率最高，

日粮总消化养分能量用于产奶的利用率约为30%。而在35℃高温环境中，可下降至15%～20%。

（二）空气湿度

表示空气潮湿程度的物理量称为空气湿度。空气中含有水汽的多少，即为湿度的大小。空气湿度常以绝对湿度和相对湿度来表示。绝对湿度指单位体积空气中所含水汽的质量，用克/立方米表示，它指的是空气中水汽的绝对含量。相对湿度指在一定时间内，某处空气中实际含水汽的克数和同温下饱和水汽克数的百分比，即实际水汽和饱和水汽的百分比。相对湿度说明水汽在空气中的饱和程度，是常用的空气湿度指标。

一般来说，空气湿度在55%～85%时对奶牛没有不良影响，但高于90%则会造成危害。在一般温度环境中，空气湿度对奶牛体热调节没有影响，但是在高温和低温环境中，空气湿度大小对奶牛体热调节产生作用。一般湿度越大，体温调节范围越小，对牛体危害越大。

高温、高湿环境会导致奶牛体表水分蒸发受阻，体温很快上升，机体功能失调，呼吸困难，最后致死，形成“热害”，是最不利于奶牛生产的环境；低温、高湿环境会增加奶牛体热散发，使体温下降，生长发育受阻，饲料报酬降低，增加生产成本。此外，高湿环境还为各类病原微生物和各种寄生虫的繁殖提供了良好的条件，使奶牛发病率上升。因此，在奶牛生产中要尽可能避免出现高湿环境。

（三）气　流

气流通过对流作用，使牛体散发热量，起到降温作用。当气流与温、湿环境作用，效果更为明显。在奶牛生产中，要将气流与温、湿环境综合考虑，才能为奶牛创造适宜的生产环境。牛舍标准温度、湿度和风速参数见表5-2。

表5-2　牛舍标准温度、湿度和风速参数表

舍　别	温度(℃)	相对湿度(%)	风速(米/秒)
奶牛舍	10	80	0.3
保育舍	20	70	0.2

(四)光　照

阳光中的红外线在太阳辐射总能量中占50%，其对动物起的作用是热效应。冬季牛体受日光照射有利于抵御寒冷，对牛健康有利；夏季高温时受日光照射会使奶牛体温升高，导致中暑。因此，夏季应采取遮荫措施，加强防暑工作。

阳光中的紫外线没有热效应，但它具有强大的生物学效应。一是可使牛体皮肤中的7-脱氢胆固醇转化为维生素D_3，促进牛体对钙的吸收；二是具有杀菌作用；三是能使血液中的红细胞和白细胞数量增加，提高机体的抗病能力。但紫外线的过强照射对奶牛健康有害，会导致中暑。

一般条件下，牛舍常采用自然光照，为了生产需要也采用人工光照。生产上要求成年奶牛舍的采光系数为1∶12，犊牛舍为1∶10～14。采光系数是牛舍窗户的有效采光面积和舍内地面面积之比。

(五)其他环境因素

大气环境，尤其是奶牛舍内小气候环境中的有害气体、尘埃、微生物和噪声常常会对奶牛健康产生不良影响。因此，加强通风换气，改善奶牛舍环境卫生，是畜舍建筑设计上不可忽视的重要问题。牛舍空气中有害气体标准含量见表5-3。

表5-3 牛舍空气中有害气体标准含量

舍别	二氧化碳(%)	氨气(毫克/立方米)	硫化氢(毫克/立方米)	一氧化碳(毫克/立方米)
奶牛舍	0.25	20	10	20
犊牛舍	0.15～0.25	10～15	5～10	5～15

二、奶牛场的规划布局

(一)奶牛场的规划

奶牛场的面积要根据全场养牛规模大小以及集约化、机械化程度和发展规划等情况来确定，每头成年奶牛占地面积应达到100平方米。建筑系数(建筑物面积占场地面积的百分数)较一般牧场小，一般为10%～20%。牛场面积除满足房舍建筑、运动场、道路和堆贮饲料等用地外，还要满足一定的发展余地。标准奶牛场面积见表5-4。

表5-4 标准奶牛场面积

牛场建筑分类	牛只平均占地面积(平方米/头)
牛舍用房	20～25
牛舍运动场	15～20
牛场辅助建筑	2
办公生活用房	1
牛场总面积	100

需要说明的是，国外奶牛场的面积指标一般比我国要低，而且随着规模的增大，面积指标也相应减少。如意大利某400头规模的牛场，平均每头奶牛占地面积为70平方米，而800头规模的牛场每头牛占地面积只有53平方米。

按经营管理功能，牛场可分为生活区、管理区、生产区和病牛隔离区4个区域。这些区域的规划是否合理，各区建筑物布局是否得当，不仅影响牛场的生产效率和经济效益，而且也影响着牛场的环境状况和卫生防疫效果的好坏。同时，合理的规划还有利于生产管理和对外联系，保障奶牛生产的顺利进行。各场区的布置应考虑工作联系方便，有利于防疫，可根据当地全年主风向和地势安排各区（图5-1）。较大型的牛

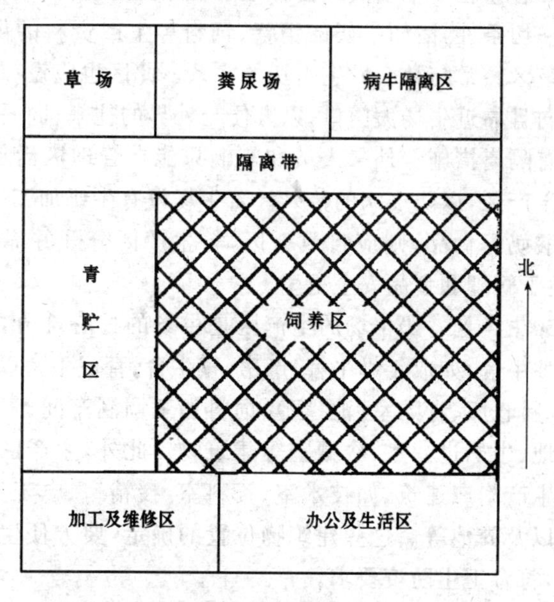

图5-1 奶牛场场区规划示意

场一般由以下 8 个部分组成，即饲养区、青贮区、隔离带、隔离区、粪尿场、草场、加工及维修区、办公及生活区。根据季节的不同进行分区布局，如冬季多西北风，草场放在西北角最安全；夏季多东南风，考虑到防疫、人的健康以及粪尿场的位置，隔离区安排在东北角为好，并由隔离带与其他区域分开。饲料加工以及人的生活区以设在南边为宜。

1. 生活区 即牛场职工生活的住宅区，应位于牛场的上风向和地势较高的地段，大都与附近的居民点结合建在一起，并与生产区相距 300 米以上，这样既便于牛场职工上、下班和职工的社会往来，又便于在发生疫情时与外界保持隔离。

2. 管理区 牛场的经营管理活动主要是保证牛场生产所需的一切条件，诸如牛奶的销售、饲料等生产资料的供应等，因此该区经常与社会发生密切的联系。此区也应设在牛场的上风向且靠近牛场大门口，以方便与外界的往来，同时应与生产区有隔离措施。外来人员和车辆只能在管理区活动，不得进入生产区，以防疫病的传入。若牛场设有牛奶加工区域，如制作酸奶等食品，则应自成一区，与生产区分开并靠近管理区，便于管理和食品安全卫生。

3. 生产区 奶牛场的生产区是牛场的核心部分，主要包括各种牛舍，如成年母牛舍、产房、犊牛舍、育成牛舍以及挤奶厅、饲料仓库、青贮室（池、窖）、饲料加工调制车间、青干草存贮场地、牛奶过滤室、冷藏室等建筑物。此外，生产区还应设一些生产附属建筑，如技术室、资料室、授精室、电工室、机械维修以及粪池等。这些建筑物位置的确定，要方便生产上的联系，符合卫生防疫要求。

4. 隔离区 此区包括兽医室、病牛舍和贮粪场以及粪污处理设施。隔离区应设在生产区的下风向与地势低处，与生产区牛舍保持 300 米以上的防疫间距，且生产区与隔离区之间应设隔离带，并设单独的通道和入口与生产区相连，入口处应设消毒设施，防止疾病传播。

5. 场区道路和排水的规划 场区道路应区分为运送饲料、产品以及生产联系用的净道和运输粪污的污道，两者不能共用和交叉，以利于卫生防疫。一般净道作为主干道，宽 3～6 米，污道为 1.5～3 米，主干道应不透水，并具一定坡度可向排水沟排水。路旁设排水沟用以排除路面积水，若经济条件允许，也可做成暗沟和雨水井。

6. 牛场绿化 绿化对改善牛场环境和小气候状况有重要意义。树木和草地叶面的水分蒸发，可吸收大量的热，同时其遮荫作用可阻挡大量的太阳辐射热。树木还具有良好的防风作用，植物的光合作用可吸收大量的二氧化碳，放出氧气。植物还对牛场的一些污染气体如氨气、硫化氢等具有吸收作用，可使其分别减少 25％和 50％。此外，牛场绿化还可减少场区内的细菌和灰尘，降低场内噪声。可见，在牛场内进行绿化，可起到美化环境、防寒防暑、净化空气、隔离疫病和防火等作用，从而改善了牛场环境。因此，在进行牛场规划时，必须考虑和安排绿化。

奶牛场的绿化按其功能可分为防风林、隔离林、行道绿化和遮荫绿化。防风林要设在冬季主风的上风向，宽 8～10 米，可用不同植物进行合理搭配栽种，如乔木和灌木搭配，常绿植物和落叶植物搭配。隔离林应设于奶牛场的四周，冬季上风向的隔离林可与防风林结合，起到防寒作用。夏季主风向的隔离林不宜过宽和过密，以利于通风。此外，牛场各功能区之间也要设隔离林，宽 5～8 米，多以乔木和绿篱植物，如大叶黄杨等搭配种植。行道绿化是在道路两旁种植乔木和绿篱植物，可起到道路遮荫和路旁排水沟的护坡作用。遮荫绿化是在牛舍周围和运动场周围进行的绿化，主要是一些高大的乔木，既遮荫又不影响牛舍的通风。运动场的绿化树木应加设护栏，以防被牛破坏。此外，场区的其他裸露地面均应加以绿化，可考虑种植一些有经济价值的植物。

（二）奶牛场的建筑物布局

奶牛场的建筑物布局要根据牛场规模、集约化程度、机械化和电气化水平、饲养管理方式等合理设计各种建筑物的排列方式和次序，确定每栋建筑物和设施的位置、朝向和相互之间的距离，根据现场条件因地制宜，以方便牛场的生产联系，降低劳动强度，提高劳动生产效率，改善牛场的空气环境并有利于卫生防疫，同时又要符合合理利用土地和节约投资的要求。

牛场内的各种建筑物主要有：各种牛舍（包括成年奶牛舍、育成牛舍、青年牛舍、犊牛舍），产房（包括哺育室），挤奶厅，奶品处理间，人工授精室，兽医室，病牛舍，饲料库，饲料加工间，水塔以及办公、生活用房等。牛场建筑物一般横向成行，纵向成列，尽量排列成方形，以缩短饲料、粪污运输道路和管线的距离，减少投资。牛舍朝向一般为南向，以南偏东15°为宜，这样夏季有利于防暑，冬季又避免冷风侵袭。相邻两栋牛舍间的距离，关系到牛舍的通风、光照、卫生防疫和防火等，因此确定牛舍间距必须考虑这几方面的要求，并尽量节约用地。

1. 牛舍　包括成年母牛舍、犊牛舍、青年牛舍和育成牛舍，它们位于牛场中心。

（1）成年母牛舍　一般建在生产区中轴线两侧，坐北朝南，为了便于管理，尽可能缩短运输路线，若修建数栋牛舍时，应采取长轴平行配置，前后对齐，两栋牛舍相距 30 米左右，便于采光、通风、防疫和防火。

(2)犊牛舍　排列在成年母牛舍的上风处，坐北朝南，根据全年主风向可沿牛场中轴线的西侧设置产房，东侧设置犊牛舍，以便于生产间的联系。

(3)青年牛舍和育成牛舍　沿牛场中轴线两侧排列，在成年母牛舍南侧，朝向与成年母牛舍相同。

2. 饲料库和饲料加工间　饲料库应建在对外联系方便的地方，如靠近大门，便于饲料的运入。饲料加工间应设在牛舍和水塔附近，靠近饲料库，这样有利于向牛舍运输加工好的饲料。青干草垛应设在牛场下风向，要求距离牛舍 60 米以上。

3. 挤奶厅和牛奶贮藏间　应设在距成年母牛舍较近的地方，也可与成年母牛舍建在一起，这样方便成年母牛进出挤奶，减少牛只行走的距离。牛奶贮藏间应与挤奶厅建在一起，靠近场区大门，这样既方便牛奶的运输，又可防止牛奶与外界空气接触时间过长，有利于牛奶的保鲜。

4. 人工授精室　应建在与母牛舍较近的地方，但应处于母牛舍的下风向。

5. 贮粪场、病牛舍和兽医室　均应设在牛场的下风向。

总之，合理利用当地自然条件和周围社会条件，尽可能节约投资，少占或不占耕地，搞好牛场布局，科学组织生产，将会大大提高奶牛场的劳动生产率。

三、奶牛场建筑物的建筑要求

(一)奶牛舍的建筑要求

奶牛舍既要满足奶牛的生理特点需要，有利于生产，同时又要符合经久耐用、便于饲养管理、提高工作效率的原则。因此，要根据各地全年的气温变化和奶牛的品种、用途、性别、年龄而确定，较好地满足奶牛舍的通风、朝向、日照以及屋面、外墙的保温隔热问题。奶牛耐寒怕热，产奶的最适温度为10℃～15℃，当外界气温上升至30℃时，产奶量将会明显下降，甚至可能影响牛只健康；而当外界气温下降至0℃以下时，产奶量并无明显变化。因此，建造奶牛舍更要注意高温季节能够达到防暑降温的目的。建造牛舍要因地制宜，就地取材，经济实用，还要符合兽医卫生要求，做到科学合理。有条件的可建造质量好、经久耐用的牛舍。

牛场建筑物的总体建筑要求为：牛舍要坐北朝南，并以南偏东15°为好，但均应依当地地势和主风向等因素而定。跨度一般为12米以内，净高3.5米。牛舍面积一般按每头牛20～25平方米考虑，运动场按每头牛20平方米考虑。牛舍内应干燥，夏季能隔热，冬季能保温，并应有一定数量的门窗和通风口，以满足牛只进出、牛舍采光和通风的要求。确定牛舍的位置，还应根据当地主要风向而定，避免冬季寒风的侵袭，保证夏季凉爽。一般牛舍要安置在与主风向平行的下风向位置。北方建造牛舍需要注意冬季的防寒保暖，南方则应注意防暑和防潮。确定牛舍方位时要注意自然采光，让牛舍能有充足的阳光照射。牛舍还要高于贮粪池、运动场、污水排泄通道，为了便于工作，可依坡度由高向低依次设置饲料仓库、饲料调制室、牛舍、贮粪池，这样既可方便运输，又能防止污染。

1. 屋顶　主要作用为避风雨和保温隔热，要求不透水、不透风，有一定的承载能力。建造时一般使用价低易得的建筑材料，如机瓦、油毡、沥青、草泥等。屋檐距地面为2.8～3.2

米。屋檐和顶棚太高不利于保温，过低则影响舍内光照和通风。可视各地最高温度和最低温度而定。

2. 墙壁 要求坚固耐用、结构简单、经济省材、耐热防潮，所用建筑材料多为普通黏土砖，墙厚一般为 24 厘米或 37 厘米，从地面算起，应抹 100 厘米高的墙裙。在农村也可用土坯墙、土打墙等，但从地面算起应砌 100 厘米高的石块或砖块。土墙造价低，投资少，但不耐用。

3. 门窗 牛舍的大门应坚实牢固，宽 200～250 厘米，不用门槛，最好设置推拉门。牛舍内要有一定数量和大小的窗户，以保证太阳光线直接射入和散射光线射入。一般南窗应多而大(100 厘米×120 厘米)，北窗则宜少而小(80 厘米×100 厘米)。牛舍内的阳光照射量受牛舍的方向、窗户的形式、大小、位置、反射面的影响，所以要求不同。通常要求光照系数为 1∶12～14，窗台距地面高度为 120～140 厘米。

4. 地面和牛床 牛舍地面应保温、防滑、不透水。一般成年奶牛牛床长 160～180 厘米，每个床位宽 110～130 厘米；青年牛床可适当小些，长 160～170 厘米，宽 100～110 厘米；育成牛床长 140～160 厘米，宽 70～100 厘米。牛床高度一般要高于地面 5～15 厘米，坡度为 1%～1.5%，前高后低。

5. 给排水 要求供水充足，污水、粪尿能排净，舍内清洁卫生。为了保护舍内的清洁和清扫方便，粪尿沟应不透水，表面应光滑。粪尿沟宽 28～30 厘米、深 15 厘米、坡度为 0.5%～1%，应通到舍外污水池。污水池应距牛舍 6～8 米，其容积以牛舍大小和牛的头数多少而定，一般可按每头成年牛 0.3 立方米、每头犊牛 0.1 立方米计算，以能贮满 1 个月的粪尿为准，每月清除 1 次。为了保持清洁，舍内的粪便必须每天清除，运到距牛舍 50 米远的粪堆上。要保持粪尿沟的畅通，并定期用水冲洗。

6. 通气孔 一般设在屋顶，大小因牛舍类型不同而异。单列式牛舍的通气孔为70厘米×70厘米，双列式为90厘米×90厘米。北方牛舍通气孔总面积为牛舍面积的0.15%左右。通气孔上要设有活门，可以自由启闭。通气孔高于屋脊0.5米或在房的顶部。

7. 地基 土地坚实、干燥，可利用天然的地基。若是疏松的黏土，需用石块或砖砌成地基并高出地面，地基深80～100厘米，地基与墙壁之间最好要有油毡绝缘防潮层。

8. 通道 牛舍通道分饲料通道和中央通道。对尾式饲养的双列式牛舍，中间通道宽130～150厘米，两侧饲料通道宽80～90厘米。

9. 饲槽 饲槽设在牛床的前面，有固定式和活动式2种。以固定式的水泥饲槽最适用，其上口宽60～80厘米，底宽35厘米，底呈弧形。槽内缘（紧靠牛床一侧）高35厘米，外缘高60～80厘米。

10. 运动场 其大小以牛的数量而定。每头牛占用的面积，成年牛为15～20平方米，育成牛为10～15平方米，犊牛为5～10平方米。运动场围栏要结实，高度为105～110厘米，运动场内要设置饮水槽和凉棚。

依照不同经济用途修建不同类型的牛舍，也应根据条件建造辅助性建筑，如饲料库、饲料调制室、青绿饲料贮藏室、青贮设施和牛奶存放室等，还应按牛的饲养头数建兽医室、隔离室和人工授精室。

（二）奶牛舍的结构形式

奶牛舍的结构形式多种多样，其式样与大小应根据气候条件、饲养规模和经济能力来决定。

1. 奶牛舍的建筑形式

(1)按四周墙壁的严密程度划分　可分为封闭式、半开放式、开放式和棚舍。

①封闭式牛舍　上有屋顶遮盖,四周有墙壁保护,舍内外环境易于控制,温度、湿度差较大,冬季有利于保温,防止冷风侵袭,但通风换气能力稍差,炎热季节常常要采取防暑降温措施。这种牛舍便于牛群生存和生产管理,但造价较高。

②半开放式和开放式牛舍　均是三面有墙的牛舍,区别在于半开放牛舍前面有半截墙,开放式牛舍前面无墙。这两种牛舍抵御寒冷的能力都较差,冬季舍内外温差小,尤其不利于犊牛的生长发育。但通风采光效果较好,造价低。

③棚舍　又叫凉棚,四周无墙,通风采光效果最好,但不利于环境控制,防寒防暑能力最差,常用作夏季运动场牛群的休息场所。

(2)按屋顶样式划分　可分为钟楼式、半钟楼式、双坡式和单坡式等(图 5-2)。

图 5-2　按屋顶样式划分的牛舍形式

①钟楼式、半钟楼式牛舍　钟楼式牛舍即在双坡式牛舍顶上设置一个贯穿于牛舍横轴的“光楼”,用来增加牛舍的通风透光性能,但天窗的启闭和控温不方便,不利于人工操作;半钟楼式牛舍则仅在一侧设置与地面垂直的天窗,其作用与钟楼式牛舍的“光楼”相同。

②双坡式牛舍　是目前我国规模奶牛场牛舍的主要形式，应用最为广泛，这种牛舍跨度较大，保温性能好。

③单坡式牛舍　是我国小规模、个体农户养殖奶牛的主要建筑形式。牛舍跨度较小，一面有坡，结构简单，造价低廉，可选用农村一些废弃物作为建筑材料。舍正面敞开，舍内光照充足、干燥。但舍净高较低，影响人工操作，而且敞开的一面易被风雪侵袭，保温效果差。

(3)按牛床在舍内的排列划分　可分为单列式、双列式、三列式和四列式等，其中双列式和多列式又可分成对头式和对尾式。

①单列式牛舍　沿牛舍纵向布置1排牛床，这类牛舍易于建造，通风好，散热面积大，适合于农户小规模(少于25头)饲养奶牛。如果饲养过多，牛舍的长度就要增加，给饲料运送、粪污清理等日常管理工作带来诸多不便。在建筑形式上，主要要求是：坚固耐用，冬暖夏凉，就地取材，造价较低。牛舍宽度为5～6米，长度按饲养头数来决定。一般的成年奶牛，每头可按1.1～1.2米计算。通道宽为1.5米左右，牛床宽为1.8米，饲槽宽为0.9米，粪尿沟及过道宽为1米。

②双列式牛舍　我国成年奶牛舍多采用此种类型。沿牛舍纵向布置2排牛床，牛舍的容量可大可小。若以100米左右建一栋牛舍，分成左、右2个单元，跨度一般为12米左右。此种牛舍造价稍高，但保暖、防寒性能好，适于北方地区采用。根据舍中牛床、通道以及食槽的排列方式，双列式牛舍又可分为对尾双列式和对头双列式2种。

对尾双列式较为常见，牛舍中间为清粪通道，两边各有1条喂料走道。其优点是挤奶、清粪都可集中在牛舍中间，合用1条走道，操作比较方便，便于观察奶牛生殖器官疾病，减少牛病传播。缺点是饲喂不便，饲料运输线路过长，且通道常年不见太阳，不利于进行日晒消毒。若要建一栋饲养 110 头奶牛的牛舍，建议牛舍的长度应为 65 米，跨度为 10 米，牛床采用对尾双列式布置。精饲料间和粗饲料间应分别设置于牛舍的两端，在向阳一侧侧墙的中央正对清粪通道的端墙处留门，门洞规格为 2～2.2 米×2～2.2 米。

对头双列式牛舍中间为喂料通道，两边为清粪通道。其优点是便于饲喂和奶牛进出牛舍，便于实现饲喂机械化。但挤奶、清粪工作分散于两侧，影响工作效率。同时，牛尾部靠近墙壁，粪污易污染墙面，不利于卫生防疫。

③三列式、四列式牛舍 适用于大型牛舍。由于建筑物跨度较大，因此有 2 种布置方式：一种是中间为喂料走道，两侧分别为 2 列对头或对尾式牛床；另一种是只在牛舍的一侧设置 1 条喂料走道，另一侧沿牛舍长轴布置 4 排牛床，两侧为对尾式，中间两排设置为对头式。采用此种类型牛舍的牛场一般采用散栏式饲养。

四、奶牛场污染的控制

(一)规模化奶牛场污物对环境的污染

随着奶牛业生产规模化、集约化的迅速发展，一方面为市场提供了大量质优价廉的产品，另一方面奶牛场也产生大量的粪尿、污水、废弃物和甲烷、二氧化碳等有害气体，造成环境的污染。

1. 对土壤和水源的污染 在粪便存放期间，有机质和矿物质都将随粪水渗入土壤内，进入地下水或随雨水进入地表水。在微生物的作用下，大量消耗水中的溶解氧，严重时有机物进行厌氧分解，产生各种有恶臭的物质；另一方面，粪尿中含有大量有机氮和有机磷类营养物质，在分解过程中，有机态的氮和磷被矿化为无机态的物质，造成植物根系的损伤或徒长，或使水体中的藻类大量繁殖而使水质腐败，导致水生生物死亡。

2. 对空气的污染 奶牛粪尿中含有大量有机物，排出体外后会迅速发酵腐败，产生硫化氢、氨、硫醇、苯酸等恶臭物质，污染大气环境。如饲养 1 000 头牛的奶牛场每天氨的排放量达 8 千克以上。粪便的恶臭会对现场及周围人们的健康产生不良影响，也会使奶牛的抗病力和生产力降低。目前，国家环保总局已发布《畜禽养殖业污染物排放标准》(GB 18596—2001)，并要求Ⅰ级规模范围内的集约化畜禽养殖场和养殖区，以及地处国家环保重点城市、重点流域或污染严重河网地区的Ⅱ级规模集约化畜禽养殖场和养殖区，自 2003 年 1 月 1 日起开始执行；对于其他地区的Ⅱ级规模范围内的集约化畜禽养殖场和养殖区，实施标准的时间不得迟于 2004 年 7 月 1 日。

(二)奶牛场污物的处理措施

目前，奶牛场污物处理的措施主要有以下几种方法。

1. 土地还原法 奶牛粪尿的主要成分是粗纤维、蛋白质、糖类和脂肪类等物质，其明显特点是易于在环境中分解，通过土壤、水和大气等的物理、化学以及生物学分解、稀释和扩散作用，逐渐得以净化，并通过微生物以及动物、植物的同化和异味化作用，又重新形成动物、植物性的糖类、蛋白质和脂肪等，也就是再度变为饲料(图 5-3)。根据我国的国情，在今后

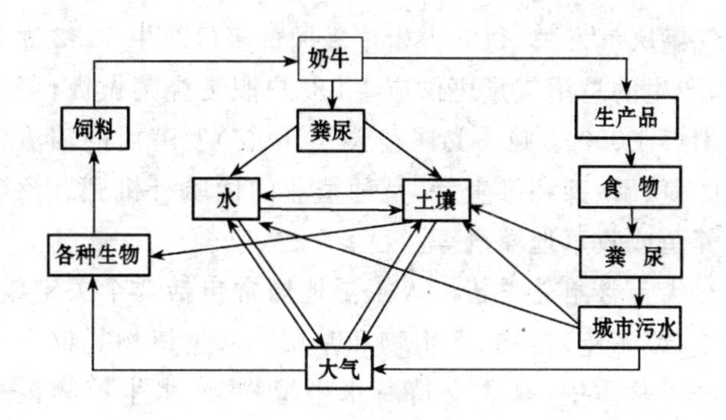

图 5-3 土地还原法

相当长的一段时期内，特别是农村，奶牛粪尿可能仍以无害化处理后还田为根本出路。

2. 厌气(甲烷)发酵法 将奶牛场粪尿进行厌气(甲烷)发酵法处理，不仅可以净化环境，而且可以获得生物能源(沼气)，同时通过发酵后的沼渣、沼液可以把种植业和养殖业有机结合起来，形成一个多次利用、多层增值的生态系统，这是目前世界上许多国家广泛采用的粪尿处理法(图 5-4)。

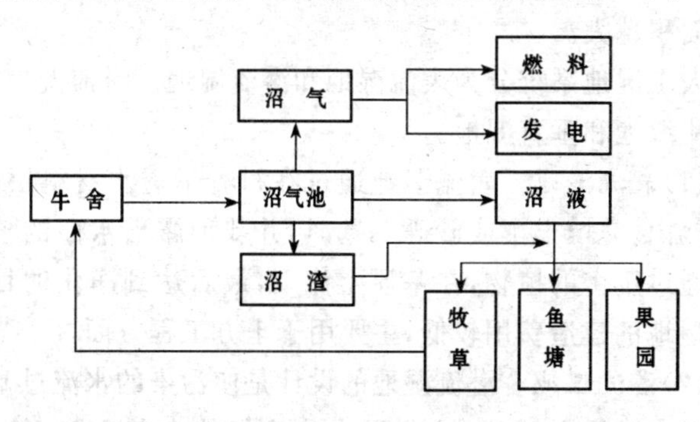

图 5-4 厌气(甲烷)发酵法

以 1 000 头规模的奶牛场为例，牛场的粪尿利用沼气池或沼气罐厌气发酵，每立方米牛粪尿最多可产生 1.32 立方米沼气，产生的总沼气量可供应 1 400 户职工烧菜做饭，可节约生活用煤 1 000 多吨。粪尿经厌气（甲烷）发酵后的沼渣含有丰富的氮、磷、钾和维生素，是种植业的优质有机肥。沼液可用于养鱼或牧草地灌溉等。

3. 人工湿地处理法 人工湿地通常包括 3 个关键组成，即水生（或耐淹）植物、微生物和基质。水生植物扎根于土壤或砂砾等基质中，基质支持着水生植物，而水生植物根系发达，又为各种微生物提供了良好的生存场所。据报道，经人工湿地处理法处理后的粪尿污物生化耗氧量以及悬浮固体物、氨、总氮和总磷含量均有显著降低。

几乎任何一种水生植物都适合于湿地系统，最常见的有芦苇以及香蒲属和草属的植物。一些植物如芦苇和香蒲的空心茎还能将空气输送到根部，为需氧微生物活动提供氧气。

该系统的设计和布局取决于地形、每天的排污量以及特定的处理目标。一般来说，负荷越高或净化程度越高，所需的土地面积越大。

人工湿地系统分为表流湿地和潜流湿地。潜流湿地又分为平流湿地和垂直湿地。

（1）表流湿地 表流湿地通过在衬有不透水材料层的浅蓄水池内，充填土壤或砂砾等基质，并栽种露出水面的植物，污水通过茂密的植物，在基质上流动，最后达到净化的目的。表流湿地的建造费用较低，主要用于土方工程方面。

（2）潜流湿地 潜流湿地的设计是使污染的水流过基质，而不是在基质上面流动，所以水位应保持在基质表面以下。潜流湿地比表流湿地更适合于较冷的气候，因为大部分处理发生在地表之下，冬季地表下的环境一般较地面上暖和。另外，潜流湿地不像表流湿地那样容易产生臭味或孳生蚊蝇，而且它们可以处理较高负荷的污水。但如果有机物负荷太高，往往会堵塞基质孔隙。因此，在潜流系统之前须设沉淀池，以便去除悬浮固体，避免出现堵塞问题。潜流湿地的建造费用较高，主要是砂砾填充费用。人工湿地处理也可与鱼塘结合，进一步扩大其生态效益。

4. 生态工程处理 该系统首先通过分离器或沉淀池将粪便与尿液分离，其中，粪便可作为有机肥还田或作为食用菌（如蘑菇等）培养基，液体厩肥进入沼气厌氧发酵池。通过微生物—植物—动物—菌藻的多层生态净化系统，使污水污物得以净化。净化的水达到国家排放标准，可排放到江河，回归自然或直接回收用于冲刷牛舍等。

总之，解决奶牛场污染问题是奶牛标准化生产的重要环节，应给予高度重视。

第六章 奶牛疫病防治标准化

一、防 疫

(一)消 毒

1. 消毒的种类 根据消毒时机和目的不同分为预防性消毒、临时消毒和终末消毒。

(1)预防性消毒 指在平时为预防疫病发生而采取的消毒措施。如对圈舍、饲养用具、屠宰用具、运输工具和一切物品、设施等进行定期或不定期的各种消毒措施。

(2)临时消毒 是指在发生疫病期间,为及时清除、杀灭患病动物排出的病原体而采取的消毒措施。如在隔离封锁期间,对患病动物的排泄物、分泌物以及被污染的环境和一切用具、物品、设施等进行的多次、反复消毒。

(3)终末消毒 是指在疫病得到控制、平息之后,为了消灭疫区可能残留的病原体而采取的全面、彻底的大消毒。终末消毒的实施质量如何,是决定以后能否继续在该地饲养健康动物的关键。消毒对象包括患病动物,可疑患病动物,被污染的圈舍、场地、土壤、水、饲养用具、运输工具、仓库、人体防护装备以及病畜产品和粪便等。

2. 消毒的方法 一般有物理消毒法、化学消毒法和生物消毒法。

(1)物理消毒法 是指用物理方法杀灭病原体的方法,包括机械清除和高热消毒等。

①机械清除　即使用机械的方法清除病原体，如经常采取清扫、洗刷、通风和过滤等手段，清除存在于环境中的病原体。这种方法虽然不能直接杀灭病原体，但可以大大减少环境中和物体表面病原体的数量。因此，在生产实践中最常用。

②高热消毒

焚烧法：用于患病奶牛尸体、垫草、病料以及污染的垃圾、废弃物等物品的消毒，可直接点燃或放入焚烧炉内焚烧。

灼烧法：是直接用火焰灭菌，适用于实验室的接种针、接种环、试管口、玻璃片等耐热器材的消毒。

热空气消毒法：利用干热空气进行消毒，主要用于各种耐热器材的消毒，这种方法是在一种特制的电热干燥箱内进行，需要将箱内温度升至160℃后，保持2小时才可杀死所有病原体及其芽孢。

煮沸消毒法：此法操作简便，经济、实用且效果比较可靠。适用于一般器械如刀剪、注射器等的消毒，消毒时间应从煮沸后开始计算（表6-1）。

表6-1　各类器械煮沸消毒时间

消毒对象	时间（分钟）
玻璃类器械	20～30
橡胶类与电木类器材	5～10
金属类与搪瓷类器材	5～15
接触过疫病的器材	>30

煮沸消毒时，在水中加入一些增效剂可增强杀菌力。如在煮沸金属时加入2%碳酸钠可减缓金属氧化；加入2%～5%石炭酸时，只需要煮沸5分钟即可杀死炭疽杆菌的芽孢；

对不耐热的物品消毒时加入0.2%甲醛，可在80℃下维持60分钟达到灭菌目的。

常压蒸汽消毒法：在1个标准大气压下，用100℃左右的蒸汽进行消毒。这种消毒方法常用于不耐高温高压物品的消毒。在常压下，蒸汽温度达到100℃，维持30分钟，能杀死细菌的繁殖体。如果要杀死细菌的芽孢和真菌孢子，必须采用间歇灭菌法，即每天进行1次常压蒸汽消毒，连续3天。

巴氏消毒法：此法是利用热力杀死物品中的病原菌及其他细菌的繁殖体(不包括芽孢和嗜热菌)，而不致严重损害物品质量的一种方法，广泛用于牛奶等的消毒。牛奶的巴氏消毒有2种方法：一是加热至63℃～65℃，至少保持30分钟，然后迅速冷却至10℃以下；二是加热至71℃～75℃，至少保持15分钟，然后迅速冷却至10℃以下。近年来，越来越多的乳品生产企业开始采用超高温瞬时灭菌(UHT)方法，即将鲜牛奶通过不低于132℃的管道数秒钟，然后迅速冷却，这种方法可使牛奶在常温下保存6～8个月。

高压蒸汽灭菌法：此法利用高压灭菌器进行灭菌。通常压力表达到100千帕，此时温度为121.3℃，经30分钟即可杀灭所有的繁殖体和芽孢。此法为杀菌效果最好的灭菌法，常用于耐高热的物品，如普通培养基、玻璃器皿、金属器械、敷料、针头等的灭菌。

(2)化学消毒法　是指用消毒药品杀灭病原体，根据作用和杀灭能力分为灭菌剂和杀菌剂，习惯称之为消毒剂。常用消毒剂包括以下几种。

①氢氧化钠　对细菌、病毒均有较大的杀灭能力，常配成1%～2%的热水溶液消毒被细菌和病毒污染的畜舍地面与用具，如配合加入5%～10%食盐，可增强对炭疽杆菌的杀灭能

力，消毒后要用清水洗净，以免腐蚀动物的皮肤与黏膜。

②碳酸钠　通常用4%的浓度对车、场地和用具进行消毒。

③生石灰　对一般病原体有效，对芽孢无效。常用于墙壁、地面、粪池和污水沟的消毒。消毒浓度为10%～20%，须现用现配，不宜久存。

④漂白粉　5%漂白粉溶液对一般病原体均有杀灭作用，20%漂白粉溶液对芽孢也有杀灭作用。一般用于畜舍地面、水沟、粪便、运输车辆、水源等的消毒。

⑤氯胺　又称氯亚明，多用于饮水消毒(0.0004%)，用具与畜舍消毒浓度为0.5%～5%。10%氯胺溶液2小时能杀死炭疽芽孢。

⑥过氧乙酸　市售成品为40%水溶液，须避光保存，有效期6个月。高浓度加热70℃以上可引起爆炸，易分解，故应现用现配。常以0.2%溶液用于浸泡消毒各种耐腐蚀的玻璃、塑料、陶瓷用具和白色纺织品，0.5%浓度用于畜舍地面消毒。

⑦高锰酸钾　0.1%浓度能杀灭多数病原体，用于皮肤、黏膜创面冲洗和水槽消毒；2%～5%浓度能在24小时内杀死芽孢，多用于器具消毒。

⑧来苏儿　又称煤酚皂或甲酚皂溶液，常用3%～5%浓度对日常器械、用具、畜舍和人员手臂进行消毒。

⑨新洁尔灭　常用0.1%浓度的溶液浸泡器械、洗手以及其他皮肤消毒。

⑩克辽林　又称臭药水，常用5%～10%浓度溶液对畜舍、用具进行消毒。

⑪百毒杀　性质稳定，保存时间长，具有速效和长效双重效果，能杀灭多种病原体和芽孢。可预防水塔、水管、饮水器的污染和堵塞，并有杀霉、除藻、除臭和改善水质的作用，使用

浓度为0.0025%～0.005%；预防传染病发生，舍内、周围环境喷洒或设备器具洗涤、浸泡消毒，使用浓度为0.015%；疫病发生季节或附近养殖场发生疫病时，用于畜舍喷洒、冲洗消毒的使用浓度为0.025%；病毒性或细菌性疫病发生时，瞬间控制消毒使用浓度为0.05%；饮水消毒使用浓度为0.005%，连续使用。

⑫碘酊　是最有效的皮肤消毒药，也可用作饮水消毒。用于皮肤消毒的碘酊浓度为2%或5%。用于饮水消毒时，可在1升水中加入2%碘酊5～6滴，能杀死致病菌和原虫，15分钟后可供饮用。

⑬碘伏　气味小、无毒，对黏膜无刺激性，无染色性、无腐蚀性，能杀灭多种病原体和芽孢，可消毒饮水、饲槽、水槽和环境。12～25毫克/升溶液可用作清洁和饮水消毒、50毫克/升溶液可用作环境消毒、75毫克/升溶液可用作饲槽和水槽消毒，作用时间均为5～10分钟。

(3)生物消毒法　是指用生物热杀灭、清除病原体。如利用粪便、土壤中嗜热菌繁殖产热杀死病原微生物、寄生虫幼虫和虫卵，但此法对细菌中的芽孢菌无效。

3. 不同消毒对象适用的消毒方法

(1)场舍的消毒　场舍消毒分2步进行，第一步先进行机械清除、打扫，第二步是化学药物消毒。针对场舍状态(空置或使用)不同，常采用以下消毒方法。

①空场舍消毒　首先对空舍顶棚、墙壁、地面彻底打扫，将垃圾、粪便、垫草和其他各种污物全部清除，运到指定地点，利用生物热消毒处理。用常水洗刷饲槽、围栏等设施，最后冲洗地面、走道、粪尿沟等，待干后用化学消毒法消毒。化学消毒法常用2%碳酸氢钠溶液、0.1%～0.2%次氯酸钠溶液、

3%～5%来苏儿溶液、0.2%～0.5%过氧乙酸溶液、20%石灰水、5%～20%漂白粉溶液等喷洒消毒。地面用药量为800～1 000毫升/平方米，舍内其他设施200～400毫升/平方米。为了提高消毒效果，达到消毒目的，空舍消毒使用2～3种不同类型的消毒药进行多次消毒。每次消毒要等地面和物品干燥后再进行下次消毒。必要时，对耐火的物品还可采用火焰消毒。场舍门口消毒池内要放入新鲜消毒液或浸透消毒液的草袋。消毒池内药品常用2%～4%氢氧化钠溶液，冬天可加8%～10%的食盐防止结冰。场区常用3%～5%来苏儿溶液或20%石灰水喷洒消毒。

②带牛消毒　舍内每天都要打扫卫生，清除排泄物，包括饲槽等用具都要保持清洁，做到勤洗、勤换、勤消毒，保证良好的通风换气。舍内设施、墙壁和地面每周至少用0.1%～0.2%过氧乙酸溶液或0.1%次氯酸钠溶液喷雾消毒1次。场舍门口的消毒池要定时添加消毒液，每周至少更换1次消毒液或浸透消毒液的草袋。

③地面、土壤消毒　病牛停留过的圈舍、运动场地面等被一般病原体污染时，先将清除的粪便、垃圾和铲除的表土用消毒粪便的方法处理，地面用消毒液喷洒。若是含炭疽等芽孢杆菌的粪便、垃圾、铲除的表土应按1∶1的比例与漂白粉混合后深埋，地面以5千克/平方米漂白粉撒布。若为水泥地面被一般病原体污染，用一般常用消毒药品喷洒；若为芽孢污染，则用10%氢氧化钠溶液喷洒。大面积污染的土壤和运动场地面，可用犁、锹、镐等将地翻一下，在翻地同时撒漂白粉，一般病原体污染时用量为0.5千克/平方米，炭疽芽孢杆菌等的消毒用量为5千克/平方米，漂白粉混土后，加水湿润压平。牧场被污染后，一般利用阳光或种植某些对病原体有杀灭力

的植物(如大蒜、大葱、小麦、黑麦等),连种数年,土壤可发生自洁作用。

(2)动物体表消毒　常用的药物为0.1%～0.3%过氧乙酸溶液、0.015%百毒杀溶液、0.1%新洁尔灭溶液、0.2%次氯酸钠溶液等。采用喷雾消毒的方法,消毒时喷枪直接对准动物体,边喷边匀速走动,使各处的喷雾尽量均匀。

(3)用具消毒　在奶牛场,盛奶器具和铁锹等可用4%～5%碳酸钠溶液喷洒或洗刷,已被污染的要消毒2～3次;其他不耐腐蚀的用具,可在专用的消毒间内,用福尔马林溶液42毫升/立方米熏蒸2～4小时。

(4)车辆消毒　可用2%～5%漂白粉溶液、2%～4%氢氧化钠溶液、0.5%过氧乙酸溶液等喷洒消毒。也可用4%碳酸钠溶液或20%石灰水喷洒消毒,消毒后再用清水洗刷1次,然后擦干。对被污染车辆要进行2～3次消毒。

(5)粪便消毒　及时妥善做好粪便的消毒,是切断疫病传播途径的重要手段。常用消毒法有以下几种。

①堆粪法　为较常用的方法。在与人、畜居住处保持一定距离、避开水源的地方选一块场地作为堆粪场,堆粪时挖一坑,深度一般为20～25厘米,大小视粪便量而定。先铺一层25厘米厚的非传染性粪便或麦草、稻草等,再堆欲消毒的粪便,总厚度可达1～1.5米,然后在粪堆表面覆盖10～20厘米厚的健畜粪便,最外层抹上10厘米厚的草泥。冬季处理时间3个月以上,夏季为3周以上,即可作为肥料用。用此法消毒时,粪便含水量在50%～70%,堆积后最易发酵产热,效果好。

②掩埋法　此法适合于对烈性疫病病原体污染的少量粪便进行处理。用漂白粉或生石灰按1∶5的比例与粪便混合,然后深埋地下2米左右即可。

③焚烧法　此法仅适用于带芽孢粪便的处理。少量粪便可直接与垃圾、垫草等混合焚烧。粪便量大时，在地上挖一宽75～100厘米，深75厘米的壕沟，大小视粪便量而定，在距壕底40～50厘米处加一层铁梁作为箅子，上面放欲消毒的粪便，下面放燃料进行焚烧。

(6)人员、衣物消毒　人员是流动的疫病传播媒介。人员进、出场时应更换工作服、靴、帽等，用前先洗干净，然后放入消毒室，用28～42毫升/立方米福尔马林溶液熏蒸30分钟备用；也可用紫外线消毒，但效果较熏蒸法差。人员进、出场时要用0.1%新洁尔灭溶液或0.1%过氧乙酸溶液洗手并浸泡3～5分钟。

(二)免疫接种

奶牛场常见传染病防疫检疫程序见表6-2。

表6-2　奶牛场常见传染病防疫检疫程序

<table>
<tr><th>月份</th><th>疫病种类</th><th>生物制剂</th><th>防疫方法或判断结果</th></tr>
<tr><td>1</td><td>炭　疽</td><td>炭疽芽孢菌型</td><td>肌内注射，成年牛1毫升/头</td></tr>
<tr><td>3</td><td>口蹄疫</td><td>口蹄疫O型菌苗</td><td>肌内注射，犊牛2毫升/头，成年牛3毫升/头</td></tr>
<tr><td rowspan="2">4</td><td>结　核</td><td>提纯牛型结合菌素，10万单位/毫升</td><td>皮内注射选择颈部1/3处，0.1毫升/头，72小时后观察并测皮厚，皮厚小于2毫米为阴性，皮厚增加2～3.9毫米为可疑，皮厚增加4毫米以上为阳性</td></tr>
<tr><td>布　病</td><td>布氏杆菌平板抗原</td><td>用已知抗原和被检血清进行平板凝集试验，根据凝集结果判定是否阳性(1∶100稀释度，“++”为阳性)</td></tr>
</table>

续表 6-2

月份	疫病种类	生物制剂	防疫方法或判断结果
5	流行热	牛流行热疫苗	成年牛 4 毫升/头，犊牛 2 毫升/头，颈部皮内注射(3 周后进行第二次免疫)
6	口蹄疫	口蹄疫 O 型疫苗	第二次免疫注射，方法同前
9	口蹄疫	口蹄疫 O 型疫苗	第三次免疫注射，方法同前
10	结核，布病	同前	同前
12	口蹄疫	口蹄疫 O 型疫苗	第四次免疫注射，方法同前

(三)药物预防

药物预防就是在平时正常的饲养管理状态下，给动物投服药物以预防疫病的发生。农业部已批准使用的饲料药物添加剂品种见表 6-3。

表 6-3　农业部已批准使用的饲料药物添加剂品种

①可以在饲料中长时间添加使用的饲料药物添加剂品种

序号	名　称	序号	名　称
1	二硝托胺预混剂	18	洛克沙胂预混剂
2	马杜霉素铵预混剂	19	莫能菌素钠预混剂
3	尼卡巴嗪预混剂	20	杆菌肽锌预混剂
4	尼卡巴嗪、乙氧酰胺苯甲酯预混剂	21	黄霉素预混剂
5	甲基盐霉素、尼卡巴嗪预混剂	22	维吉尼亚霉素预混剂
6	甲基盐霉素预混剂	23	喹乙醇预混剂
7	拉沙诺西钠预混剂	24	那西肽预混剂
8	氢溴酸常山酮预混剂	25	阿美拉霉素预混剂
9	盐酸氯苯胍预混剂	26	盐霉素钠预混剂

续表 6-3

序号	名称	序号	名称
10	盐酸氨丙啉、乙氧酰胺苯甲酯预混剂	27	硫酸黏杆菌素预混剂
11	盐酸氨丙啉、乙氧酰胺苯甲酯、磺胺喹噁啉预混剂	28	牛至油预混剂
12	氯羟吡啶预混剂	29	杆菌肽锌、硫酸黏杆菌素预混剂
13	海南霉素钠预混剂	30	吉他霉素预混剂
14	赛杜霉素钠预混剂	31	土霉素钙预混剂
15	地克珠利预混剂	32	金霉素预混剂
16	复方硝基酚钠预混剂	33	恩拉霉素预混剂
17	氨苯胂酸预混剂		

②通过混饲给药的饲料药物添加剂品种

序号	名称	序号	名称
1	磺胺喹噁啉、二甲氧苄啶预混剂	13	氟苯咪唑预混剂
2	越霉素 A 预混剂	14	复方磺胺嘧啶预混剂
3	潮霉素 B 预混剂	15	盐酸林可霉素、硫酸大观霉素预混剂
4	地美硝唑预混剂	16	硫酸新霉素预混剂
5	磷酸泰乐菌素预混剂	17	硫酸替米考星预混剂
6	硫酸安普霉素预混剂	18	磷酸泰乐菌素、磺胺二甲嘧啶预混剂
7	盐酸林可霉素预混剂	19	甲砜霉素散
8	赛地卡霉素预混剂	20	诺氟沙星
9	伊维菌素预混剂	21	维生素 C 磷酸酯镁、盐酸环丙沙星预混剂
10	呋喃苯烯酸钠粉	22	盐酸环丙沙星、盐酸小檗碱预混剂
11	延胡索酸泰妙菌素预混剂	23	噁喹酸散
12	环丙氨嗪预混剂	24	磺胺氯吡嗪钠可溶性粉

1. 预防传染病的常用药物 除使用各种疫(菌)苗预防相应传染病外,应用化学药物、抗生素和中药进行药物预防也是一项重要措施。如诺氟沙星、盐酸环丙沙星、盐酸林可霉素、磺胺氯吡嗪钠、复方氨苄青霉素、喹乙醇等对动物呼吸道、肠道和全身感染均有较好防治作用,目前常作为饲料添加剂或预混剂用于群发病的防治。

2. 预防寄生虫病的常用药物 包括防治肝片吸虫的丙硫苯咪唑、硝氯酚(拜耳 9015)、碘醚柳胺;防治焦虫病的贝尼尔、阿卡普林、黄色素等;防治蛔虫病的左旋咪唑、丙硫咪唑等;防治涤虫病的丙硫苯咪唑、灭绦灵、硫双二氯酚等。

二、疾病防治

(一)传染病的综合防制措施

一是加强饲养管理,增强奶牛机体的抗病能力,搞好卫生消毒工作。在场、舍门口设置消毒设施,如消毒池或是消毒垫等;牛舍地面、设施要定期应用化学消毒法消毒。

二是定期杀虫、灭鼠、灭蚊,对粪便进行无害化处理。

三是严格贯彻预防接种程序,做好免疫记录。预防接种是防制传染病的有效手段,根据季节性发病特点,严格贯彻预防接种程序,做好免疫记录,防止漏种。及时了解疫(菌)苗的市场更新情况,做好疫(菌)苗的保存工作。注意观察免疫牛只的行为表现。

四是发生疫情后,要严格封锁,及时隔离,尽早治疗病牛。为了加强防疫,奶牛场生产区只能有一个出入口,要禁止非生产人员和车辆进入生产区。生产人员进入生产区要更换已消毒的衣服和胶鞋；饲养人员也要严格遵守卫生防疫规定，做好自身消毒，不得随意在舍与舍或场与场之间走动；一般情况下奶牛场应谢绝参观，一旦发生疫情，要迅速把病牛赶入隔离舍与健康牛隔离。

五是贯彻自繁自养原则，减少疫病传播。

（二）寄生虫病的综合防治措施

1. 控制和消灭传染源　主要是指对病牛、带虫牛及保虫宿主进行控制。具体的措施包括积极治疗病牛，对带虫牛进行隔离或限制大范围活动，消灭和控制保虫宿主，根据流行病学资料对奶牛进行有计划的驱虫等。

2. 切断传播途径　对生物源性寄生虫，要采取措施尽量避免中间宿主与易感动物的接触，消灭和控制中间宿主的活动。对非生物性寄生虫，则应加强环境卫生管理，对病牛粪便、尸体等所有可能传播病原的物质进行严格处理。

3. 保护易感动物　加强饲养管理，提高牛只的抗病能力。必要时，对易感牛只进行药物预防和免疫预防等，以抵抗寄生虫的侵害。

（三）普通病的综合防治措施

1. 乳房疾病的防治

一是注意挤奶卫生。每次挤奶前，要用温热的消毒液清洗乳房和乳头，再用灭菌后的干布擦干。机械挤奶更要注意消毒，遵守操作规程，避免机械性乳头损伤和病原微生物的传播。

二是定期对隐性乳房炎进行检测。泌乳牛在每年的1、3、6、7、8、9、11月份各检测1次，对检测结果为"＋＋"的病牛应及时治疗。干奶前3天内应再检测1次，阳性牛继续治疗，阴性牛即可干奶。

三是控制乳房的感染。临床型乳房炎需隔离治疗，治愈后方可合群饲养。

四是对久治不愈或慢性顽固性乳房炎病牛应及时淘汰，对胎衣不下、子宫内膜炎、产后败血症等疾病应及时治疗，防止炎症转移至乳房。

2. 肢蹄病的防治

一是应保持牛舍、运动场地面的平整、干净、干燥，及时清除粪便和污水。

二是保持奶牛蹄部清洁，夏季可用清水每日冲洗，每周用4%硫酸铜溶液喷洒、浴蹄1～2次；冬季可用干刷清洁牛蹄，浴蹄次数可相应减少。

三是定期修蹄，每年全群应于春季和秋季各修蹄1次，操作时注意应严格按照操作规程进行。

四是发现蹄病及时治疗，以促使其尽快痊愈。

五是平时应给予营养均衡的全价饲料，以满足奶牛对各种营养成分的需求，禁止用患有肢蹄病缺陷的公牛配种。

3. 繁殖疾病的防治　繁殖疾病的种类很多，导致繁殖疾病的因素也很多，其中最为常见的繁殖疾病有子宫内膜炎和激素失调。

(1)子宫内膜炎的防治　引起子宫内膜炎的诱因很多，诸如恶露不净、难产、胎衣不下或是产犊时环境卫生条件差等。因此，防治子宫内膜炎的关键是做好母牛产前、产后的护理工作。改善母牛分娩环境，增强母牛体质，密切观察母牛产后繁殖功能的恢复情况，对恶露不净、难产、流产、胎衣不下等情况要及时给予治疗。

(2)**激素失调的防治** 激素失调是造成卵巢囊肿、持久黄体、异常发情和不发情等疾病的重要原因。预防的根本原则是加强饲养管理。日粮要平衡，精、粗饲料比例和各养分的供应都应注意，尤其要注意矿物质和维生素的补充，同时要充分考虑饲料原料的多样性，严禁为追求产奶量而过度饲喂蛋白质饲料。加强舍外运动。积极治疗子宫疾患，如胎衣不下、子宫复旧不全、子宫肿瘤、子宫积水、子宫炎流产等。经常观察母牛发情表现，及时排查发情异常母牛，做好治疗工作。防止传染性疾病和寄生虫病的感染。禁止滥用激素治疗。

4. 营养代谢病的防治 目前，困扰奶牛生产的营养代谢病主要有脂肪肝、酮病、乳房水肿、产后瘫痪、胎衣不下、真胃变位、瘤胃酸中毒和青草搐搦等。造成营养代谢病的主要原因是奶牛体况过肥或能量负平衡、低血钙、低血镁、食盐过量、精饲料比例过高或日粮转换过急、有效纤维素含量不足、难产、子宫炎等。因此，防治奶牛营养代谢病的关键是要科学饲养，通过调整能量、蛋白质、矿物质和维生素等的添加量以平衡日粮；日粮转换要逐渐进行，不可骤然改变；科学安排精、粗饲料的比例，根据奶牛产奶性能和生理阶段合理调整；产前注意补钙；泌乳早期奶牛注意补镁；及时诊治产科疾病。

第七章　奶牛产品标准化

随着国民经济的不断增长，城乡人民生活水平不断提高，人们对鲜奶及其制品的需求不断增长，特别是对液态奶的需求量逐日递增。因此，液态奶的质量问题更应受到重视。营养成分的高低、是否为异常乳（初乳、末乳、乳房炎乳、酒精阳性乳）、原料奶卫生状况如何等都将不同程度地影响液态奶的质量，所以在牛奶生产中，不仅要提高牛奶产量，更重要的是要保证牛奶的质量。在目前的生产条件下，牛奶在生产过程的各个环节均会受到不同程度的污染，但主要是在挤奶过程中和挤奶之后受细菌的污染，或者由于奶牛患病（如乳房炎）直接导致。而且，患病牛所产的牛奶还可能受到药物如抗生素的污染，人饮用以后，会对人体健康造成不同程度的影响。所以，要生产高质量的牛奶，必须从生产的各个环节加以注意，做好产后牛奶的安全监测。

一、牛奶的营养价值及其主要化学成分和理化指标

牛奶含有丰富的蛋白质、脂肪、乳糖、钙和磷等物质，还有多种维生素，很容易被人体吸收，是营养成分全面的食品之一。

（一）牛奶的营养价值

牛奶的营养价值很高，中国营养学会 1988 年修订公布的“推荐每日膳食中营养素供给量”中，规定的能量、蛋白质、脂

肪、钙、铁、锌、硒、碘、维生素等各个项目在牛奶中均含有，尤其是乳蛋白中含有人体必需的蛋白质营养，而且也是常人膳食中植物性蛋白质的重要补充。牛奶中还含有多种常量和微量元素，尤其是其中可供人体利用的钙质十分丰富。据测定，对牛奶中的消化吸收率达92%～98%，对牛奶中蛋白质的生理利用率，即其生物价高达85%（鱼为83%，肉为74%，米为77%，面粉为52%）。牛奶属高营养浓度的食物，即与其热能值相比，含有的主要营养物质浓度较高。据美国农业部1980年统计资料显示，美国全年人均消费乳品（不含黄油）240千克，在消费的食物总量内仅提供约10%的热能，同时却提供72%的钙、33%的磷、20%的镁、20%的蛋白质、36%的维生素B_2、18%的维生素B_{12}、11%的维生素B_6、12%的维生素A以及大量的维生素D和烟酸等价物。从这个意义上讲，高营养浓度的乳品，特别是低脂乳品，对肥胖症、糖尿病、高脂血症和消化系功能不全的患者是十分适宜的。

牛奶之所以被认为是一种比较理想的完全食品，主要具有以下特点。

一是牛奶经杀菌后，不需要进行任何调制即可直接供人们饮用。

二是牛奶几乎可以被人体全部消化吸收。

三是牛奶含有能促进人体生长发育以及维持健康水平的一切必需营养成分。

四是牛奶所含各种营养成分比例，大体适合人体生理需要。

五是其他食物由于添加了牛奶，可显著提高这种食物蛋白质的营养价值。

六是如用其他谷物想取得与牛奶同等效量的营养成分，则使用数量要比牛奶多好几倍。

(二)牛奶中主要的化学成分指标

在牛奶中含有100多种化学成分,其主要成分指标见表7-1。

表7-1 牛奶中主要的化学成分指标

水 分	脂 肪	蛋白质	乳 糖	无机盐
86%~89%	3%~5%	2.7%~3.7%	4.5%~5.0%	0.6%~0.75%

牛奶中含有人体需要的各种维生素,除维生素A和维生素D外,还含有烟酸。色氨酸含量也很丰富,每60毫克色氨酸在人体内可转化为约1毫克的烟酸。牛奶中铁的含量高达500微克/升。正常牛奶的成分含量一般是稳定的,因此可根据成分的变化,判断牛奶质量的好坏。牛奶成分的含量与牛的品种、个体、年龄、产奶期、挤奶时间、饲料、疾病等因素有关。

(三)牛奶的理化指标

1. 颜色 正常新鲜的牛奶为白色或稍带黄色的不透明液体。呈白色是由于奶中脂肪球、酪蛋白酸钙和磷酸钙等对光的反射和折射所致;呈微黄色是由于奶中存在维生素A和胡萝卜素、核黄素、乳黄素等色素造成。维生素A主要来源于青绿饲料,所以采食较多青绿饲料的牛所产的奶呈微黄色。如果新鲜牛奶呈红色、绿色或明显的黄色,则属异常,不宜饮用或加工用。

2. 气味和滋味 牛奶中含有挥发性脂肪酸和其他挥发性物质,所以牛奶带有特殊的香味。加热后香味较浓,冷却后则减弱。牛奶很容易吸附外来的各种气味,使牛奶带有异味。如牛奶挤出后在牛舍久置,往往带有牛粪味和饲料味;与鱼虾类放在一起则带有海腥味；在太阳下暴晒，会带有油酸味；贮存牛奶的容器不良则会产生金属味。此外，饲料对牛奶的气味也有很强的影响。因此，饲养奶牛时不仅要注意提高产奶量，而且要注意饲料的配合、环境因素以及贮存容器等，以获得数量和质量都好的牛奶。

3. 比重与密度　牛奶的比重，是指在15℃时，一定容积牛奶的重量与同容积同温度水的重量之比；牛奶的密度是指在20℃时的牛奶与同体积水的质量之比。相同温度下，牛奶的密度与比重绝对值差异不大，但因为制作比重计时的温度标准不同，使得密度较比重小0.002。正常牛奶的密度平均为1.03，比重平均为1.032。奶中无脂干物质越多，则密度越高。一般初乳的密度为1.038～1.04。在奶中掺水后，每增加10%的水，密度降低0.003。牛奶的比重或密度是检验奶质量的常用指标。测定牛奶的密度和含脂率，便可以计算出牛奶总干物质的近似值。计算公式如下。

$$T=0.25L+1.2F+0.14$$

其中：T为总干物质含量

L为奶密度计读数

F为乳脂率

例如：已知牛奶密度为30.5，乳脂率为3.5%，该奶总干物质含量是：

$$T=0.25\times30.5+1.2\times3.5+0.14=11.965\%$$

二、牛奶的质量标准和质量保证措施

合格的牛奶是生产优质奶制品的前提条件，而只有正常的牛奶才是合格的。正常牛奶是指在正常饲养管理条件下，未患传染病和乳房炎等疾病的健康母牛在产犊 7 天以后至干奶期前整个泌乳期所产的奶，其化学成分及其性质基本稳定，物理、感官和微生物指标也都符合国家规定的鲜奶质量标准；异常牛奶是指在生产过程中其成分和性质发生变化，偏离规定的质量标准范围的牛奶。异常牛奶产生的原因包括以下 4 种情况：①生理异常奶，包括初乳、末乳和营养不良乳；②病理性异常奶，即患乳房炎病牛所产的奶和被其他病原菌污染的奶；③生物化学异常奶，即高酸度奶、酒精阳性奶、低成分奶和冻结奶等；④掺杂使假奶，如掺入水、米汤、豆浆、石灰水等的牛奶。异常奶一般不适于加工成奶制品，但仍有一定的其他利用价值。

(一)牛奶的质量标准

《生鲜牛奶收购标准》(GB 6914—86)由我国国家标准局于 1986 年颁发，1987 年 7 月 1 日起正式实施，其内容包括牛奶的感官指标、理化指标和细菌指标等。

1. 感官指标　要求新鲜牛奶为乳白色或稍带微黄色的均匀胶态液体，无沉淀、无凝块、无杂质、无异味，即符合表 7-2 之规定。

表 7-2　牛奶的感官指标

项　目	指　标
色　泽	呈乳白色或稍带微黄色
组织状态	呈均匀的胶态液体，无沉淀、无凝块、无肉眼可见杂质和其他异物
滋味与气味	具有新鲜牛奶固有的香味，无其他异味

奶色淡且呈稀薄状态的为脱脂奶、掺水奶的主要感官特征；奶呈微红色，表示可能混有血液，或与饲料药物以及微生物色素有关；奶呈淡黄色是混有初乳的结果。此外，某些产色素细菌在牛奶中繁殖，也可使奶的颜色呈粉红色或淡蓝色。牛奶出现黏滑现象，呈现凝块、絮状物或水样，并有异味，是细菌感染所致。牛奶中应无毛发、沙土、粪渣、饲料残渣、昆虫及其他杂物。新鲜奶应具有微香气味，注意因细菌引起的微酸气味和因保存不当而使牛奶吸收了某些挥发性物质（如煤油、汽油、松节油等）以及因鲜奶在牛舍放置时间过长而带来的异常气味。

2. 理化指标　国家标准规定，纯鲜牛奶应含脂肪 3.1%，蛋白质 2.9%，非脂干物质 8.1%，即符合表 7-3 之规定。

表 7-3　牛奶的理化指标

项　目	指　标
相对密度(d420)	10.28～1.032
脂肪(%)	≥3.1
蛋白质(%)	≥2.9
非脂乳固体(%)	≥8.1
酸度(°T)	≤18.0
杂质度(毫克/千克)	≤4

3. 卫生指标 见表7-4。

表7-4 牛奶的卫生指标

项 目	指 标
汞(毫克/千克)	0.01
铅(毫克/千克)	≤0.05
砷(毫克/千克)	≤0.2
铬(毫克/千克)	≤0.3
硝酸盐(毫克/千克)	≤8.0
亚硝酸盐(毫克/千克)	≤0.2
六六六(毫克/千克)	不得检出
滴滴涕(毫克/千克)	不得检出
黄曲霉素(微克/千克)	≤0.2
抗生素	不得检出
马拉硫磷(毫克/千克)	≤0.10
倍硫磷(毫克/千克)	≤0.01
甲胺磷(毫克/千克)	≤0.2

4. 微生物指标 牛奶中的菌落总数不得高于500 000个/毫升。

5. 掺假项目 不得在生鲜牛奶中掺入碱性物质、淀粉、食盐、蔗糖等非乳物质。

6. 生鲜牛奶的分级标准 上述国家标准已明确规定了牛奶的质量标准,按照理化指标和微生物指标可将牛奶分为特级、一级和二级(表7-5)。并特别要求生鲜牛奶应该是由正常健康的母牛挤出的新鲜天然乳汁,不得混有末乳和初乳,不能有肉眼可见的杂质,不得有异味和异色,酸度不能超过20°T,更不得有抗生素、防腐剂和任何有碍食品安全的物质。

表 7-5　生鲜牛奶的分级标准

项　目		级　别		
		特　级	一　级	二　级
比重(D20℃/4℃)	⩾	1.030	1.029	1.028
脂肪(%)	⩾	3.20	3.00	2.80
酸度(°T)	⩽	18.00	19.00	20.00
总乳固体(%)	⩾	11.70	11.20	10.80
汞(毫克/千克)	⩽	0.01	0.01	0.01
菌落总数(个/毫升)	⩽	500000	1000000	2000000

(二)牛奶的质量保证措施

1. 环境与工艺要求　奶牛饲养场的环境质量应符合《农产品安全质量无公害畜禽肉产地环境要求》(GB/T 18407.3—2001)的规定,场址应选在地势平坦干燥、背风向阳、排水良好、场地水源充足、未被污染和没有发生过任何传染病的地方。牛场内应分设管理区、生产区和粪污处理区,管理区和生产区应处在上风向,粪污处理区应处于下风向。牛场净道和污道应分开,污道在下风向,雨水和污水应分开。牛场排污应遵循减量化、无害化和资源化的原则。牛舍应具备良好的清粪排尿系统。牛舍地面和墙壁应选用适宜材料,以便于进行彻底清洗消毒。牛场周围应设绿化隔离带。牛舍内的温度、湿度、气流(风速)和光照应满足奶牛不同饲养阶段的需求,以降低牛群发生疾病的机会。牛舍内空气质量应符合《畜禽场环境质量标准》(NY/T 388)的规定。

奶牛场和奶产品加工厂均应取得畜牧兽医行政主管部门核发的《动物防疫合格证》。

2. 引种要求 需要引进种牛或精液时，应从具有种牛经营许可证的种牛场引进。引进种牛，应按照《种畜禽调运检疫技术规范》(GB 16567)进行检疫。引进的种牛，隔离观察至少30～45天，经兽医检疫部门检查确定为健康合格后，方可供繁殖使用。不应从疫区引进种牛。

3. 饲养条件 饲料和饲料添加剂的使用应符合《无公害食品 奶牛饲养饲料使用准则》(NY 5048)的规定。奶牛的不同生长时期和生理阶段至少应达到《奶牛营养需要和饲养标准》(第二版)要求，可参照使用地方奶牛饲养规范(规程)。不应在饲料中额外添加未经国家有关部门批准使用的各种化学、生物制剂和保护剂(如抗氧化剂、防霉剂)等添加剂。应清除饲料中的金属异物和泥沙。

4. 兽药使用 为了治疗患病奶牛必须使用药物处理时，应按照《无公害食品 奶牛饲养兽药使用准则》(NY 5046)执行。泌乳牛在正常情况下禁止使用任何药物，必须用药时，在药物残留期间的牛奶不应作为商品奶出售。牛奶在上市前应按规定停药，应准确计算停药时间和弃乳期。不应使用未经有关部门批准使用的激素类药物和抗生素。

5. 免疫要求 奶牛场应依照《中华人民共和国动物防疫法》及其配套法规的要求，根据动物防疫监督机构的疫病免疫计划，制订具体的免疫方案，定期做好免疫工作。牛群的免疫应符合《无公害食品 奶牛饲养兽医防疫准则》(NY 5047)的要求。免疫用具在免疫前后要彻底消毒，剩余或废弃的疫(菌)苗以及使用过的疫(菌)苗瓶要做无害化处理，不得乱扔。当地动物防疫监督机构定期或不定期进行疫病防疫监督抽查，提出处理意见，并将抽查结果报告当地畜牧兽医行政主管部门。

6. 饮水要求 场区应有足够的生产用水和饮用水，饮用水质量应达到《无公害食品 畜禽饮用水水质》(NY 5027)的规定。经常清洗和消毒饮水设备，避免细菌孳生。若有水塔或其他贮水设备，则应做好防止污染的措施，并予以定期清洗和消毒。

7. 疫病监测 牛场应依照《中华人民共和国动物防疫法》及其配套法规的要求，根据动物防疫监督机构的疫病监测计划，制订具体的监测方案，定期做好监测工作。牛场应取得动物防疫监督机构核发的《奶牛布病结核监测合格证》。当地动物防疫监督机构应定期或不定期进行疫病监督抽查，提出处理意见，并将抽查结果报告当地畜牧兽医行政主管部门。

8. 卫生消毒

(1)消毒剂 应选择对人、奶牛和环境相对安全、没有残留毒性、对设备没有破坏和在牛体内不应产生有害积累的消毒剂。可选用的消毒剂有：石炭酸(酚)、煤酚、双酚类、次氯酸盐、有机碘混合物(碘伏)、过氧乙酸、生石灰、氢氧化钠(火碱)、高锰酸钾、硫酸铜、新洁尔灭、松馏油、酒精和来苏儿等。

(2)消毒方法

①喷雾消毒 用一定浓度的次氯酸盐、有机碘混合物、过氧乙酸、新洁尔灭、煤酚等，用喷雾装置进行喷雾消毒，主要用于清洗后的牛舍、带牛环境、牛场道路、周围环境以及进入场区车辆的消毒。

②浸洗消毒 用一定浓度的新洁尔灭溶液、有机碘混合物或煤酚的水溶液，用于手、工作服和胶靴的消毒。

③紫外线消毒 对人员入口处设紫外线灯照射，以起到杀菌效果。

④喷洒消毒 在牛舍周围、入口、产床和牛床下撒生石灰或喷洒氢氧化钠溶液以杀灭细菌或病毒。

⑤热水消毒　用35℃～46℃温水以及70℃～75℃的热碱水清洗挤奶机器管道，以除去管道内的残留物质。

(3)消毒制度

①环境消毒　牛舍周围环境(包括运动场)每周用2%氢氧化钠溶液消毒或撒生石灰1次；场周围以及场内污水池、排粪坑和下水道出口，每月用漂白粉消毒1次。在大门口和牛舍入口设消毒池，使用2%氢氧化钠溶液或5%煤酚皂溶液。

②人员消毒　工作人员进入生产区应更衣和进行紫外线消毒，工作服不应穿出场外。外来参观者进入场区参观应彻底消毒，更换场区工作服和工作鞋，并遵守场内防疫制度。

③牛舍消毒　牛舍在每班牛只下槽后应彻底清扫干净，定期用高压水枪冲洗，并进行喷雾消毒或熏蒸消毒。

④用具消毒　定期对饲喂用具、料槽和饲料车等进行消毒，可用0.1%新洁尔灭溶液或0.2%～0.5%过氧乙酸溶液消毒；日常用具(如兽医用具、助产用具、配种用具、挤奶设备和奶罐车等)在使用前后应进行彻底消毒和清洗。

⑤带牛环境消毒　定期进行带牛环境消毒，有利于减少环境中的病原微生物。可用于带牛环境消毒的消毒药有：0.1%新洁尔灭溶液、0.3%过氧乙酸溶液、0.1%次氯酸钠溶液，以减少传染病和蹄病的发生，但带牛环境消毒时应避免消毒剂污染牛奶。

⑥牛体消毒　挤奶、助产、配种、注射治疗以及其他对奶牛进行接触的操作之前，应先将牛有关部位如乳房、乳头、阴门和后躯等进行消毒擦拭，以降低牛奶中的细菌数，保证牛体健康。

9. 饲养管理

(1)总体管理　奶牛场不应饲养其他家畜家禽，并应防止周围其他畜禽进入场区。保持各生产环节环境以及用具的清洁,保证牛奶卫生。坚持刷拭牛体,定期修剪乳房及周围的被毛,防止污染牛奶。成年奶牛坚持定期护蹄、修蹄和浴蹄。

(2)人员管理　牛场工作人员应定期进行健康检查,发现有传染病患者应及时调出。

(3)饲喂管理　按饲养规范饲喂,不堆槽,不空槽,不喂发霉变质和冰冻的饲料。应拣出饲料中的异物,保持饲槽清洁卫生。保证足够的新鲜、清洁饮水,运动场要设置食盐、矿物质(如矿物质舔砖等)补饲槽和饮水槽,定期清洗消毒饮水设备。

(4)挤奶管理　贮奶罐、挤奶机、输奶管道使用前后都应清洗干净,按操作规程要求放置。每次挤奶前,必须将母牛的乳房清洗干净,并消毒乳头后方可挤奶。乳房炎病牛不应上机挤奶,上机后临时发现的乳房炎病牛不应套杯挤奶,应转入病牛群手工挤净后及时治疗。挤出的牛奶必须马上冷却,一般是使用冷排冷却,也可直接让牛奶流入有冷却装置的贮存罐中,使牛奶温度从33℃左右迅速降到10℃以下,保存温度最好在4℃左右。牛奶出场前先自检,不合格者不应出场。场内机械设备应定期检查、维修和保养。搞好牛舍内外环境卫生,灭蚊蝇、灭鼠,消灭杂草和水坑等蚊蝇孳生地,定期喷洒消毒药物,或在牛场外围设诱杀点,消灭蚊蝇。定期投放灭鼠药,控制啮齿类动物。投放灭鼠药应定时、定点,及时收集死鼠和残余鼠药,做无害化处理。

同时,使用化学消毒剂,必须按照说明所规定的浓度和方法正确使用。正在接受药物治疗的母牛,所生产的牛奶不得出售。按规定,在最后1次治疗结束后,至少须3昼夜后所产牛奶方可出售。

三、正确处理和保存牛奶

牛奶温度对细菌繁殖生长影响甚大，所以牛奶挤出后要迅速冷却到4℃以下。如处理和保存不当，牛奶中的细菌数将会急剧增加。实验室检测结果表明，挤奶后立即取样，其样品中每毫升含40 000个细菌；在5℃温度下贮藏24小时后，每毫升含90 000个细菌；在10℃温度下贮藏24小时后，每毫升含180 000个细菌；在10℃温度下贮藏48小时后，每毫升含4 500 000个细菌。贮存温度与奶中大肠杆菌的含量见表7-6。

表7-6　贮存温度与奶中大肠杆菌的含量

贮存温度(℃)	奶中大肠杆菌的含量(个/毫升)			
	0天	2天	3天	4天
5	160000	430000	3100000	26000000
7	160000	3400000	19000000	无结果
10	160000	18000000	68000000	无结果

目前，较好的牛奶保存方法是冷却保存。冷却后的牛奶有2种保存方法：一是将奶桶放在冷水(3℃左右)中保存；二是用不锈钢制的奶罐，奶罐中设有自动搅拌器和冷却装置，牛奶贮存于其中可使温度均匀。贮存时间根据每日牛群产奶量和运出间隔时间的长短而定。大多数规模较大的牛场都采用不锈钢罐冷却保存的方法，可节约劳动力，减少牛奶损失。牛奶在处理过程中，不得与铜、铁等金属接触，更不能用此类器具保存牛奶，以免牛奶中残留金属味。同时，牛奶不能在阳光下暴晒，倾倒时也应避免形成泡沫，否则牛奶将产生氧化味

(类似纸板味道)。

四、牛奶质量的检验方法

牛奶具有丰富的营养和宜人的风味,欧美国家对牛奶的风味极为重视,因此近年来国际市场超高温灭菌奶销量下降而纯鲜牛奶发展异常迅速。在我国乳品工业中,经常由于加工和包装不当而使牛奶失去了原有的天然、新鲜风味。理想化的牛奶应具有新鲜、浓厚感,稍有甜味,香气宜人。按照国际上同类产品的标准,最佳保质期应为 15 天。国外鲜奶收购和生产工艺中多采用仪器检测,根据检测结果,随时调整生产流程,从而保证了原料奶的质量,并在生产过程中起到重要作用。

(一)牛奶常规指标的检测

主要包括牛奶的感官检查、比重测定、酸度测定、乳脂测定、乳蛋白测定、乳糖测定以及灰分测定等。

1. 感官检查

(1)采样　可直接从奶桶中采取新鲜奶样,但要预先将牛奶混匀,采样器要事先消毒。采样量为 200～250 毫升。

(2)检查　将鲜奶样品摇匀后,倒入一小烧杯内,仔细观察其外观、色泽、组织状态,嗅其气味并经煮沸后品尝其味道。

(3)评价　新鲜牛奶为乳白色或稍带微黄色的均匀胶态液体,无沉淀,无凝块,无杂质,并具有生鲜牛奶特有的香味,煮沸后微甜,无异味。

2. 比重测定　牛奶的比重测定可用乳稠计进行,乳稠计有 2 种:20℃/4℃和 15℃/15℃,前者测得的度数加 2℃则等于后者测得的度数。具体测定步骤如下。

第一步，将10℃～25℃的牛奶样品，小心注入250毫升的量筒中，加到量筒的3/4容积处，注意不要产生泡沫，否则，要用滤纸吸去；

第二步，将乳稠计小心地沉入到相当标尺刻度30℃处；

第三步，静止1～2分钟，读数，正常牛奶的比重在1.028～1.034之间。

牛奶的比重可因牛奶的掺水而降低，也可因脱脂或掺入比重大的物质而增高。

3.酸度测定 测定牛奶酸度可了解牛奶的新鲜度。正常牛奶的酸度为16°T～18°T，pH值为6.6～6.7。当pH值超过6.7时，则牛可能患有乳房炎；若pH值低于6.5，则可能混有初乳或乳中微生物发酵产酸使乳酸度增高。测定牛奶酸度可用酒精法、加热法和氢氧化钠滴定法。

(1)酒精法 多用于乳品工业验收原料奶的检验，用68%、70%或72%的酒精作为试剂，凡产生絮状凝块者为不合格。具体操作方法为：取1～2毫升样品奶与等体积的酒精混合，摇匀后在30秒内不出现絮状沉淀的奶为阴性，可判为合格。否则，为酒精试验阳性奶。酒精浓度与牛奶酸度的关系见表7-7。

表7-7 酒精浓度与牛奶酸度的关系

酒精浓度(%)	不出现絮状沉淀的酸度
52	25°T以下
60	23°T以下
68	20°T以下
70	19°T以下
72	18°T以下

除高酸度牛奶能出现酒精阳性外，低酸度牛奶、盐类不平衡奶和混有钙离子的牛奶也会出现酒精试验阳性现象。

(2)*加热法*　加热煮沸试验也可检验牛奶的酸度。具体操作如下：取少量牛奶放于试管中，在酒精灯上加热至沸腾，若出现絮片或凝块，则表明奶的酸度在26°T以上，或有初乳混入。表7-8表明牛奶的酸度与凝固温度之间的关系。

表7-8　牛奶的酸度与凝固温度之间的关系

乳的酸度(°T)	乳的加热凝固情况
18	煮沸时不凝固
22	煮沸时不凝固
26	煮沸时能凝固
30	加热至72℃凝固
40	加热至63℃凝固
50	加热至40℃凝固
60	22℃时自行凝固
65	16℃时自行凝固

(3)*氢氧化钠滴定法*　具体操作如下：在三角瓶中加入10毫升奶样和20毫升蒸馏水，摇匀后加入0.5毫升0.5%酚酞指示剂，然后在不断摇动的同时用0.1摩/升的氢氧化钠溶液滴定至出现红色1分钟内不消失为止。读出消耗氢氧化钠的毫升数再乘以10即为奶样的酸度。

4. 脂肪测定　正常牛奶中的脂肪应不低于3%。可用Gerber氏法或Babcock氏法测定。所使用的主要仪器为乳脂离心机、Gerber氏乳脂计或Babcock氏乳脂计。测定乳脂肪的目的是检查牛奶中的掺水情况。目前，乳品厂一般采用全乳成分测定分析仪来检测奶中脂肪的含量，这种仪器除了测定脂肪含量外，还可检测乳蛋白、非脂乳固体以及乳糖等的含量。常用的奶成分分析仪为丹麦福斯电子公司生产的 Milko-Scan 系列产品。

5. 全乳总固体测定 我国牛奶中全乳总固体平均为12%，通常采用重量法进行测定。

6. 氯糖数测定 健康牛所产牛奶中氯糖数不超过 4，患乳房炎病牛所产的奶可达 6～10，通常用硝酸银（铬酸钾）法测定。

7. 体细胞测定 牛奶中的体细胞数量在一定程度上可以反映出奶牛的健康状况，也就可以反映出牛奶的质量，但此项指标在我国并没有具体规定，一般认为每毫升正常牛奶中的体细胞数变动范围在 5 万～20 万个之间，如果每毫升奶中体细胞数量超过 50 万个时，即可判定为乳房炎奶，可不予收购。

（二）牛奶中有毒物质的检测

1. 铜、铅、锌等重金属的检测 牛奶中含铜、铅、锌等重金属超标时，就会对乳酸菌发酵产生影响。每 100 毫升牛奶中铜、铅、锌的含量分别为 3～17 微克、4～10 微克、100～600 微克，它们可用原子吸收分光光度法测定。

2. 砷的检测 每 100 毫升牛奶中砷的含量为 3～6 微克，可用银盐（二乙铵基二硫代甲酸银）法测定。

3. 农药和防腐剂的检测 80 年代以来，农药检测普通采用气相色谱、高效液相色谱、气—质联用色谱等先进仪器分析，这些方法特异性好，灵敏度高，但分析周期长，设备昂贵，基层不易推广。目前，快速测定农药残留的方法以下 2 处：一是利用产生荧光的细菌，当细菌受到样品中残留农药作用后其荧光减弱，本方法可用来测定甲胺磷等常见有机磷农药；二是利用实验室饲养的敏感家蝇对供试样品的杀虫剂、杀菌剂、除草剂进行测定。此外，还有分子生物学法和生物化学法。防腐剂对乳酸菌发酵影响很大，可用改良生物发酵法证明有无防腐剂存在。

(三)掺假牛奶的检测

1. 掺水牛奶的检测 稀薄、比重低于1.028的牛奶有掺水的可能。掺水量可用以下公式计算。

$$掺水的百分数=\frac{(正常奶的比重-被检奶的比重)}{正常奶的比重}\times 100$$

例如：正常奶比重1.031，被检奶比重1.027，则掺水量百分比=(1.031－1.027)÷1.031×100＝13％

2. 掺淀粉牛奶的检测 检验方法：取被检奶5毫升放入试管，加入碘水(将1克碘化钾溶于少量蒸馏水中，在此溶液中再溶解0.5克结晶碘，最后加蒸馏水定容至100毫升)2～3滴，如有淀粉存在则牛奶会变为蓝色。

3. 掺豆浆牛奶的检测 取被检奶5毫升，放入试管中，加入乙醇与乙醚(1∶1)混合液3毫升，再加入25％氢氧化钾溶液2毫升，在5～10分钟内观察颜色的变化，如上清液呈黄色则证明奶中掺有豆浆，呈白色者为正常牛奶。

4. 脱脂牛奶的检测 牛奶脱脂后会变得稀薄而略带蓝色，化验时乳脂率低，奶的比重升高，总的干物质含量降低。

5. 掺食盐牛奶和掺碱牛奶的检测 检测牛奶中是否掺有食盐或碱，可通过测定牛奶电导率和玫瑰红法检测。

(1)测定牛奶的电导率 正常牛奶电导率值为33～47×10～4μs/cm，当掺入食盐或碱以后，电导率会增高。患乳房炎的牛产的奶电导率也会增高。可用 DDS-11A 型电导率仪测定。

(2)玫瑰红法　取 5 毫升奶样放于试管中,加入 0.5 毫升玫瑰红酸酒精溶液(取 0.1 克玫瑰红酸加入 100 毫升 95%酒精溶解),如果呈现蔷薇色,则表明为掺碱的牛奶。

(四)牛奶中细菌总数的检测

鲜牛奶中的细菌总数是重要的质控指标之一。传统的平板计数法检测,检测周期长,而且还需要繁琐的稀释及计数步骤,细菌计数结果常受小颗粒物质或不透明鲜奶样品干扰,难以满足检验工作的要求。下面介绍 2 种较简单的牛奶细菌检测方法。

1. 电阻抗法　与传统平板计数法不同,电阻抗法检测细菌总数是根据微生物生长代谢将培养基中蛋白质和碳水化合物转变为氨基酸和乳酸等,引起培养基电阻抗微弱的变化,通过仪器记录阻抗改变的致死时间(DT)来测定微生物的存在以及进行计数。采用电阻抗法快速检测鲜牛奶中的细菌总数,经近 2 年的实践证明,不仅可以大大缩短检验周期,保证对鲜牛奶的卫生监控,而且操作简便,结果准确可靠。具体步骤为:在含有不锈钢电极的一次性反应池中,每孔中加入 0.9 毫升 MPCA 培养基,直接吸取 0.1 毫升鲜奶样品置于冷凝后的培养基上,每一鲜奶样做 2 孔。加样后的反应池用 Bactometer 仪测定阻抗改变时间,反应池培养温度保持 36℃,同时把奶样按国际平板计数法培养,进行细菌计数。

2. 美兰试验法　其全称是美兰还原褪色试验,它是检验奶中细菌数量是否超标的一种试验。鲜奶中细菌含量高可直接导致美兰定级不合格,经巴氏杀菌后牛奶酸度也会升高,保质期缩短(表 7-9)。

表 7-9　美兰试验还原分级指标

分级	鲜奶细菌总数分级指标（万个/毫升）	美兰褪色时间分级指标(小时)
一级	＜50(合格)	＞4
二级	＜100(合格)	＞2.5
三级	＜200	＞1.5
四级	＜400	＞40 分钟

(五)乳房炎的检测

引起乳房炎的因素很多，主要是环境卫生不良(如牛舍、挤奶设施、挤奶工个人卫生等)、消毒不严、违反操作规程等，致使病原微生物侵入。此外，其他一些疾病亦可继发乳房炎，如结核杆菌病、放线菌病、口蹄疫以及子宫疾病等。一般情况下，执行操作规程严格的牛群隐性乳房炎发病率低于 5%，差者可达 50%左右。手工挤奶与机械挤奶相比，前者高于后者 10%以上。创造良好的卫生环境，严格操作规程(挤奶前的乳房消毒、挤奶后的乳头药浴)、停奶前隐性乳房炎的检测以及对患病牛的治疗，对乳房炎的预防和治疗都有积极的作用。

由于患乳房炎的牛奶含有较高的氯、钠等离子，故其电导率亦高于常乳。根据这一原理，在挤奶系统上安装一个电导率仪，每次挤奶时将每头牛所产牛奶的电导率反馈到办公室的计算机终端上，计算机可对每头牛的电导率变化情况进行分析，从而对乳房炎的发病情况进行监测。

(六)抗生素的检测

我国生鲜牛奶收购管理办法中明文规定，注射过抗生素的奶牛5日内所产牛奶不允许出售食用，但很多奶牛饲养户不遵守这一规定。对于婴儿而言，如果食用了含有抗生素成分的婴儿奶粉，轻者会造成肠道中菌群的紊乱，使婴儿机体从小就对青霉素等药物产生抗药性；重者会引起身体出现变态反应，如皮疹过敏性休克等。成人长期食用含有抗生素的奶粉和鲜奶，则会使致病菌、病毒大量增殖而导致全身或局部感染，还会导致人体对抗生素的严重抗药性，给临床治疗带来困难。卫生检疫发现，当奶牛注射青霉素、链霉素120小时以后，仍能从牛奶中检测出青霉素残留量，将含有抗生素的牛奶进行高温灭菌，结果青霉素含量没有变化，用青霉素残留为阳性的生牛奶加工成奶粉或冰淇淋后，奶粉和冰淇淋中青霉素残留仍为阳性。由此可以证实，牛奶中的抗生素十分稳定，基本不受温度的影响，也不能通过常压下的物理方法来进行破坏和分解。国外对奶制品中抗生素的残留，规定的条目非常多，对食品的全程控制也很有效。他们的食品安全委员会是立法部门，具有权威性，而我国还没有一个组织对食品安全进行全程监控。下面介绍几种鲜奶中残留抗生素的检测方法。

1. TTC检测法

(1)操作方法　吸取奶样9毫升放入15毫米×150毫米的试管内，在80℃水浴锅中加热5分钟。冷却至37℃以下时加入菌液(将嗜热乳酸链球菌菌种移种脱脂乳，经36℃±1℃温度培养15小时后，使用时加灭菌脱脂乳按1∶1的比例稀释)1毫升，于36℃±1℃水浴锅中继续培养30分钟。如出现红色则可判为阴性，如不变色则可暂时判为阳性，须在水浴锅中继续培养30分钟进行第二次观察，做最终判定。每份检样做2份，另外再做阴性和阳性对照各1份，阳性对照管用无抗生素奶8毫升，加抗生素、菌液和TTC试剂（称取2,3,5-氯化三苯基四氮唑1克，溶于25毫升灭菌蒸馏水中，装入褐色瓶在7℃以下冰箱暗处保存，临用时用灭菌蒸馏水稀释至5倍），阴性对照管用无抗生素奶9毫升加菌液和TTC试剂。

（2）*判断方法*　准确培养30分钟，观察结果如为阳性，再继续培养30分钟进行第二次观察。观察时要迅速，避免光照过久发生干扰。奶中有抗生素存在，检样中虽加入菌液培养物，但因细菌的繁殖受到抑制，因此指示剂TTC不还原，所以不显色。与此相反，如果没有抗生素存在，则加入菌液即进行增殖，TTC被还原而显红色。也就是说检样呈奶的原色时为阳性，呈红色时为阴性（表7-10）。几种抗生素的检测灵敏度见表7-11。

表7-10　显色状态标准判断

显色状态	判　断
未显色者	阳　性
微红色者	可　疑
桃红色～红色	阴　性

表7-11　几种抗生素的检测灵敏度

抗生素名称	最低检出量（单位）
青霉素	0.004
链霉素	0.5
庆大霉素	0.4
卡那霉素	5

这种微生物检测方法的优点是费用低，一般实验室都能操作。缺点是时间长，显色状态判断通过肉眼辨别，易产生误差，对微红色者无法做出准确判断，且操作复杂。

2. SNAP 检测盒法（酶联免疫法） 采用由美国 IDEXX 公司研制生产的青霉素类检测盒和抗生素检测仪，用酶联免疫法检测牛奶中青霉素类（β-内酰胺类）抗生素残留。方法为：在试管中加入奶样，并和检测板一同放在加热器中加热 5 分钟。然后将样品倒入检测板，当样品流经检测盒的反应环时，立即按下抗生素检测仪反应键，4 分钟后读结果。以青霉素检测为例，读数≤1.05（青霉素含量≤5 微克/升），则可判定该样奶青霉素含量合格，反之则为超标。

这是国际上最先进的检测方法，优点是时间短（9 分钟），判断准确，操作过程简单易学。另外，还有四环素类（金霉素、土霉素、四环素）检测盒、磺胺类检测盒、庆大霉素检测盒等，可以进行类似的检测。缺点是仪器设备昂贵，特别是检测盒一次性损耗，费用相当大（1 个青霉素检测盒 44 元）。作为必检项目，一家中型奶厂每年的检测费可达 20 多万元。因此，制订国内抗生素标准，研制国内自己的酶联免疫法试剂，是当前奶制品质量标准化管理的当务之急。

3. Benedict 检测法 青霉素具有还原性，能使 Benedict 试剂的铜离子还原为氧化亚铜（Cu_2O），反应显现红色。如果牛奶中青霉素含量多，氧化亚铜产生得多，静止试管，可观察到砖红色的氧化亚铜沉淀。所以，含青霉素的牛奶，加入 Benedict 试剂后，煮沸 5 分钟，可因试管内含青霉素量的多少不等而呈现深红色、红色、红黄色、橘黄色、浅橘黄色或正黄色等颜色。对应结果见表 7-12。

表 7-12　Benedict 法检测牛奶中青霉素含量结果判断

青霉素含量($\times 10^6$)	颜色变化
80～100	红　色
50～70	红黄色
30～40	橘黄色
10～20	浅橘黄
5～9	正黄色
0～4	黄　色

方法为：在试管中加入待测奶样 1 毫升，然后加入 Benedict 试剂 3 滴，煮沸 5 分钟(沸水浴)，观察记录颜色变化。根据观察到的颜色，参照表 7-12 判断出牛奶的青霉素含量。本方法的优点为非常简便，所用试剂只有 1 种，即 Benedict 试剂，灵敏度很高，所用时间短(约 7 分钟)，能检出 5×10^{-6} 的奶样。但精确度低，误差较大，重复性稍差(91%)。

五、牛奶的初步处理

牛奶初步处理是奶牛场必不可少的一个环节。为了保持牛奶在运往乳品厂之前不变质，奶牛场对刚挤下的新鲜牛奶必须即时冷却，妥善保存，并尽快运走。

(一)牛奶冷却

刚挤出的正常牛奶，温度一般为 37℃。从理论上讲，新鲜的牛奶是无菌的，但在一般奶牛场的环境条件下，能够使牛奶腐败的微生物随处可见，如乳房上、挤奶工的手上、空气的灰尘粒子上、褥草上、牛身上和地面上等，所以必须采取各种措施，尽量排除和减少牛奶受细菌的污染。

牛奶是细菌繁殖最好的培养基，并含有细菌所需要的一切营养物质，尤其在 37℃温度下，细菌繁殖非常旺盛。所以，为了抑制细菌繁殖，必须尽快将牛奶冷却（降至 4℃～5℃），随着温度的下降，细菌的活性也将逐渐下降。同时，刚挤出的牛奶必须尽快过滤，以消除杂质和牛奶中的部分微生物。下面介绍几种冷却牛奶的方法。

1. 冷却水池 这是一种最简易的方法，即将牛奶桶置于水池中，用冷水或冰水进行冷却。在北方地区由于地下水温度低（夏天 10℃以下），所以直接用地下水即可将牛奶温度降至 13℃～14℃（牛奶冷却后比水温高 3℃～4℃），如果每天给乳品厂送 1 次奶，完全可以达到保存目的。

南方由于水温较高，在水池中应加冰块，才能使牛奶达到冷却要求。同时，应不断搅拌牛奶，并根据水温进行排水或换水，水池中的水量应比牛奶容量大 4～5 倍。所以，南方用水池冷却牛奶，耗水量大，而且冷却缓慢，不是理想的牛奶冷却方法。

2. 冷却缸 分为喷射式冷却缸和浸入式冷却缸 2 种。

喷射式冷却缸中，在奶桶外面喷射循环的冷却水；浸入式冷却缸由一个放在奶桶中下部的盘管组成，冷却水循环通过盘管使牛奶保持在所需要的温度。冷却缸不论大小，都配有内部冷却设备，保证其在一定时间内冷却至一定温度，并均附有自动清洗设备。

3. 冷排 冷却器由金属排管组成，牛奶从上部配槽底部的细孔流出，形成薄层，流过冷却器的表面，再流入贮藏罐中。冷剂（冷水或冷盐水）从冷却器的下部自下而上通过冷却器的每根排管，以降低沿冷却器表面流下的牛奶的温度。这种冷却器冷却效果较好，适用于奶牛场和小型乳品加工厂。

4. 热交换器 在大型奶牛场，大量牛奶必须迅速地从37℃冷却到4℃，贮藏罐已不适用。冷却过程是通过与管道相连接的热交换器（冷排）完成。

（二）牛奶运输

1. 奶桶运输 即将牛奶装入容量为40～50升的奶桶中，用卡车运输。用这种方式运输牛奶，在夏天奶温易于上升。可采用以下几种解决办法：①在早、晚运送；②以隔热材料（湿麻袋、草包等）遮盖奶桶，或减少运输途中的运行时间等。使用奶桶运输，运输前奶桶必须装满并盖严紧，以防牛奶震荡。必须保持奶桶清洁卫生，并严格消毒。运输结束后，奶桶必须及时清洗、消毒并晾干。

2. 奶罐车 一般是将输奶软管与牛场冷却罐的出口阀相连接。奶罐车装有计量泵，能自动记录接收牛奶的数量。用奶罐车运输牛奶时，必须装满，以防牛奶运输途中震荡过大，为此有的奶罐车上的奶槽分成若干个间隔。奶罐车收奶结束后必须清洗。

参考文献

1 尹兆正．奶牛标准化养殖技术．北京：中国农业大学出版社，2003

2 梁学武．现代奶牛生产．北京：中国农业出版社，2002

3 刘健．动物防疫与检疫技术．北京：中国农业出版社，2001

4 杨廷桂．动物防疫与检疫．北京：中国农业出版社，2001

5 刘太宇．奶牛精养技术指南．北京：中国农业大学出版社，2003

6 昝林森．牛生产学．北京：中国农业出版社，1999

7 冀一伦．实用养牛科学．北京：中国农业出版社，2001

8 李建国，安永福．奶牛标准化生产技术．北京：中国农业大学出版社，2003

9 黄应祥．奶牛养殖与环境监控．北京：中国农业大学出版社，2003